智能电网与电力安全

陈建泉　张　成　王　建　著

中国原子能出版社

图书在版编目(CIP)数据

　　智能电网与电力安全 / 陈建泉,张成,王建著.--
北京:中国原子能出版社,2023.6
　　ISBN 978-7-5221-2786-6

　　Ⅰ.①智... Ⅱ.①陈...②张...③王... Ⅲ.①智能控
制 - 电网 - 电力安全 Ⅳ.①TM76

　　中国国家版本馆 CIP 数据核字(2023)第 117979 号

智能电网与电力安全

出版发行	中国原子能出版社(北京市海淀区阜成路43号　100048)	
责任编辑	王　蕾	
责任印制	赵　明	
印　　刷	北京九州迅驰传媒文化有限公司	
经　　销	全国新华书店	
开　　本	787mm×1092mm　1/16	
印　　张	12	
字　　数	263 千字	
版　　次	2024 年 1 月第 1 版	2024 年 1 月第 1 次印刷
书　　号	ISBN 978-7-5221-2786-6	定　价　68.00 元

前 言

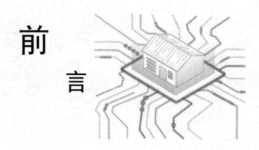

现代社会对电力的依赖，决定了电力系统在国民经济中的地位，社会对电力系统运行的稳定性、安全性、经济性和可靠性的要求也越来越高。现代的电力系统规模巨大、装备先进，运行管理离不开技术先进、功能完善的自动化系统。因此，电力系统自动化是电力系统管理中的重要环节。随着社会经济的发展，电力系统自动化在现代电力系统运行管理中的作用越来越重要，其发展趋势是在电力系统的各个方面实现自动化技术的综合。目前，电力系统自动化正在向着功能更加强大的综合自动化技术方向发展。

为应对气候变化、环境压力和能源短缺，世界各国都在努力开发绿色能源、提高能源利用效率、降低化石能源消费，以达到经济可持续发展的目标。智能电网是保障电力可靠供应、接纳可再生能源、发展低碳经济、促进节能减排的物质基础，智能用电是智能电网的终端环节，与社会大众密切相关，是电网与用户联系的桥梁，是提升营销业务水平、开展双向互动服务、促进分布式能源接入、扩大电动汽车应用、提高能源终端利用效率的重要手段。随着智能用电服务体系的建设，集中抄表、缴费和售电、电动汽车充放电、分布式电源管理、需求响应、能效测评等智能用电服务大量涌现，迫切需要可靠、实时、安全的电力用户用电信息采集系统提供基础用电数据支撑。

在目前互联网和信息技术快速发展的社会背景下，网络技术与电网建设的结合应用是提高我国电力系统建设的质量和水平的重要原因，随着电力系统建设的智能化发展，电力行业发展的技术水平和电网运行的安全系数都处在不断完善和提高的状态下。本书属于智能电网与电力安全方面的著作，主要讲述了智能电网理论基础，智能电网中电能的转换与控制技术，变电站和配电网自动化，电力安全生产常识，电力安全工器具基本知识、维护与管理，电力电网规划的安全技术，以及电力安全事故与安全教育等方面的内容，希望对智能电网下的电网安全管理的发展有所帮助。

本书在编写过程中，参考了国内外的相关文献资料，在此向其作者表示衷心的感谢。由于时间匆忙，加之水平有限，书中难免有不足之处，敬请广大读者批评指正。

目 录

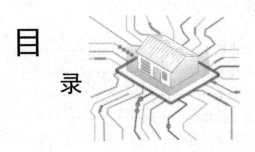

第一章　智能电网理论基础

第一节　智能电网概述

一、智能电网是电力工业发展的现实选择

进入 21 世纪以来，全球资源环境的压力不断增大，能源需求不断增加，电网安全运行的问题日益突出，电力系统面临前所未有的挑战和机遇，因此也被赋予了重要的社会责任，而智能电网也成为世界电力工业发展的选择。

（一）全球资源环境的压力增大

全球气候变暖，自然灾害频繁，能源生产和使用中所排放的温室气体占温室气体总排放量的 65%，今后该比例还将继续增高。如何应对气候变化，实现可持续发展，已成为全球电力行业关注的焦点和变革的主要推动力。

智能电网发展建设的一项重要内容就是发展清洁能源，这是应对气候变化，解决能源发展与环保矛盾的重要选择。建设发展智能电网改善能源结构，减少环境污染，缓和全球资源环境压力是全球电力行业的不可推卸的责任。

（二）大力发展可再生能源必须发展智能电网

我国经济社会持续快速发展，电力需求将长期保持快速增长，能源缺少是个长期问题。必须改变目前的能源结构，大力发展可再生能源，使我国的经济发展成为可持续的发展。

可再生能源中风能和太阳能等发电能源具有随机性、间歇性和波动性，大规模接入将给电网高峰、运行控制、供电质量等带来众多特殊问题，需要通过智能电网建设提升电网接入清洁能源的能力。

随着经济社会持续快速发展，科技进步和信息化水平的提高，电动汽车、智能设备、智能家电、智能建筑、智能交通和智能城市等将成为未来的发展趋势。只有加快建设坚强的智能电网，才能满足经济社会发展对电力的需求，才能满足客户对供电服务的多样性、个性化、互动化需求，不断提高服务整体质量和水平。

（三）电网安全运行需求发展智能电网

随着电力技术的日益发展，对电网安全运行要求也越来越高，如自愈、互动、优化等特征的变革要求将进一步促进电网的安全运行工作，从而使智能电网成为电网发展的必然趋势，目前发展智能电网已在世界范围内达成共识。为了抵御日益频繁的自然灾害和外界干扰，甚至于某些恐怖活动，电网必须依靠智能化手段不断提高其安全防御能力和自愈能

力。传感器和信息技术在电网中的应用，为电力系统状态分析和辅助决策提供了技术支持，使电网自愈成为可能。

电力系统一向十分注重安全生产和运行，建设发展智能电网对安全生产运行是十分关键性的。智能电网必须是一种能抵御物理攻击（爆炸和武器）及信息攻击（计算机）。这两类攻击近几年来全世界范围一直在不断增加，计算机安全事件正以一个惊人的速度增加。发展智能电网使智能电网能提供更高级自动化及广域网监测和电力配电系统的远程控制，来抵制各种攻击的可能。

二、智能电网的主要特征

智能电网是将先进的传感量测技术、信息通信技术、分析决策技术、自动控制技术和能源电力技术相结合，并与电网基础设施高度集成而形成的新型现代化电网，它涵盖了电力生产的全过程，以高速通信网络为支撑，通过先进的信息、测量、控制技术实现电力流和信息流的高度集成。智能电网具备自愈、互动、坚强、优质供电、经济、安全可靠、清洁环保等特征。

（一）自愈

所谓自愈，是指对电网的运行状态能进行连续的、在线的自我评估，并采取预防性的控制手段，及时发现、快速诊断和消除故障隐患；故障发生时，在没有或少量人工干预下，能快速隔离故障、自我恢复，避免大面积停电的发生。

应指出的是，电网的安全运行和自愈功能有赖于电网的各个节点之间有多路、大容量、双向通信信道；调控中心配备有强大的计算机设备，能够在发现停电故障苗头时，对输电线路自动进行重新配置。

电网能够自愈，自动恢复安全供电，应具备三大条件：①实时监测和快速反应。②预测。该系统应能不断寻找可能发生较大事故隐患，并评估这些隐患将带来什么后果，确定补救措施。③隔离。一旦事故发生，电网将被拆分为若干"孤岛"，每一部分都应能自动独立地动作，或退出运行，避免故障向外扩散。故障排除后，检修人员修复故障设备和线路后，在恢复供电时系统应会再次自动调整，优化自身运行状态。

其实自愈功能并非全新的概念。我们所熟悉的继电保护和安全自动装置就是属于自愈的范畴，只不过"自愈"是继电保护和安全自动装置的发展，内容也更为丰富而完善，它的终极目标是为用户提供永不间断的理想电力。自愈技术是智能电网的核心技术之一，对于电网的建设和发展具有十分重要的意义。

（二）互动

所谓电网的互动，是指在创建开放的系统和建立共享信息模式的基础上，通过电子终端（例如网关单元）将用户之间、用户和电网公司之间形成网络互动和即时连接，实现通信的实时、高速、双向的总体效果，实现电力、电信、电视、家电控制等多用途开发。其目的是优化电网管理，提供全新的电力服务功能、提高电网能源体系效率、建造电力消费者和生产者互动的精巧、智慧和专家化的能源运转体系。作为电网"智能化"的支撑，全网互动是智能电网建设的关键之一。

目前电网虽然没有实现智能化，但早已有了互动的运作。例如需求响应（Demand Response，DR）就是一个实例，目前已实行了分时电价；在电力供应紧张的时候，电力企业通过给用户优惠政策来促使他们减少或停止用电。但这不是双向的，电力企业处于完全的支配地位，还不是真实意义上的互动。

目前互动的另一实例是：分布式能源（Distributed Energy Resources，DER）的使用，这相当于使用用户侧的发电系统，这类系统能够在用户选择的时间段运作，作为从电网购电的另外一种选择，这是由用户来操作并参与电网的需求响应计划。目前这种 DER 项目还不够多，并且还处于开发阶段。

未来的智能电网在能源用户和电网之间将会出现更多更可靠的广泛联系，由于相关的信息技术和数字通信技术会变得更加强大和廉价，参与电网的用户数将会越来越多，互动成为电力企业和用户的真切要求，他们从互动中得到了能耗的减少及成本的下降。

未来的互动将提供实时互动，通过用户侧和电力企业之间的网关单元给用户提供更多的选择。这个网关提供负载控制功能，用户可以根据实时价格对用电行为进行预编程，这种互动更有积极意义。这是一种新的技术，它支持用户决策的计算机辅助、传递电价信息的宽带电力载波通信等使用户和电力企业之间实现更加有效的交互。

智能电网的互动应该以一种自动化的、低成本的方式让用户参加到电网中来。这种互动功能要求用户终端在电费计量屏或仪表上装设有网关，除了配网电力电子设备接入提供信息并对用户需求管理外，用户的负载控制设备信息及用户的能源管理系统 EMS 信息都需接入网关，以便用户与电力企业交互形成互动。

（三）坚强

我国首次提出了发展"坚强智能电网"的战略目标，我国的智能电网区别于世界其他国家，要求智能电网是以特高压电网为骨干网架，以通信信息平台为支撑，具有坚强可靠、智能化的坚强智能电网。"坚强"与"智能"是现代电网的两个基本发展要求，"坚强"是基础，"智能"是关键，强调坚强网架与电网智能化的高度融合。

"坚强"有两层意思：首先是要电力网形成结构坚强的受端电网和送端电网，电力承载能力显著加强，形成"强交强直"的特高压输电网络，实现大容量、高效率、远距离输电；使电网的运行稳定性和可靠性大幅提高；全面建成横向集成、纵向贯通的智能电网调度技术支持系统，实现电网在线分析、预警和决策，大力提高电网的自愈能力。其次要防御物理攻击和信息攻击，建立一个周密的能同时对攻击有完善的反映系统和预见性及（对危害的影响上的）确定性的系统。

要实现这二层意思上的"坚强"，预警和决策是关键。通过计算机模拟的数据为调度和运行者提供预测信息，这些信息应能明确事故、故障及对电网攻击时的相应对策。还要推广使用分布式资源（DER），使系统在故障时的"孤立岛屿"能正常运行。

（四）优质电能供应

衡量电能质量的主要指标是电压、频率和波形。而优质电能供应包括电压质量、电流质量、供电质量和用电质量，具体来说，就是频率偏差、电压偏差、电压波动与闪变、三相不平衡、暂态过电压、波形畸变（谐波）、供电连续性等。对于现代电网来说，由于数字设备的大量采用，电能质量问题更显得重要。例如电压暂降、暂升和短时中断，谐波产生的电压波形畸变，已成为最重要的电能质量问题，因为这些严重的电能质量（PQ）问题直接影响到数字环境，将影响到一个商业或工业公司的产品率。

智能电网对于不同的用户，提供不同等级的电能，采用不同的电力价格；智能电网能够减少输配电元件引起的电能质量问题，其控制方法是监测，对电能量问题的快速诊断和周密的解决方案；智能电网通过监测和使用滤波器防止用户的电子负荷产生的谐波源倒灌电网；采用多种电力电子设备快速校正波形畸变；应用各种储能设备如超导磁储能和分布式电源，来改进电能质量和稳定性，为用户提供超洁净的电能。

（五）兼容各种发电和储能系统

智能电网能够与各种发电厂、大的或集中的电厂、热电厂、水电站、核电站等相兼容，而且还与不断增加的 DER 相兼容。目前我国联网的分布式电源还较少。以后，从电力公司到服务供应商，再到用户侧，DER 将快速增加。那些分布式能源将是多样的而且是广泛分布的，包括可再生能源（风能、太阳能、海潮能等）。分布式电源和储能。目前全球公认的目标是广泛分布采用 DER，就像现在的计算机、手机和因特网那样，未来的可再生能源可以是分布式的，也可以是集中式的，个人的、独立的风轮机或者是集中的风力发电场。

（六）活跃市场化交易

在智能电网中，先进的设备和广泛的通信系统在每一个时间段内支持电网参与者的市场运作，并提供可靠充分的数据。智能电网通过市场上供给和需求的互动，可以最有效地管理能源、容量、容量变化率、潮流阻塞等参数，降低潮流阻塞，扩大市场，汇集更多的买家和卖家。用户通过实时报价来感受到价格的增长从而降低电力需求，推动成本更低的解决方案，并促进新技术开发，新型洁净的能源产品也将给市场提供更多选择的机会。

（七）优化资产和高效运行

智能电网通过高速通信网络实现对运行设备的在线状态监测，以获取设备的运行状态，在最恰当的时间给出需要维修设备的信号，实现设备的状态检修，同时使设备运行在最佳状态；系统的控制装置可以被调整到降低损耗和消除阻塞的状态。通过对系统控制设备的这些调整，选择最小成本的能源输送系统，提高运行的效率；智能电网将应用最新技术以优化其资产的应用，如通过动态评估技术以使资产发挥最佳的能力，通过连续不断地监测和评价其能力使资产能够在更大的负荷下使用。

智能电网优化调整其电网资产的管理和运行以实现用最低成本提供所期望的功能。每个资产将和所有其他资产进行很好的整合，以最大限度地发挥其功能，同时降低成本。

第二节 智能电网的高级量测体系

一、高级量测体系的概述

传统的供电模式是不考虑需求侧的作用,消费者仅仅充当被动购买者的角色,电网仅仅是为了单向传输电力,而不是一个动态的能源供求互动的网络。随着经济技术的发展,用户的电力需求不断增长,用户希望了解用电成本并公平分摊的要求日益强烈;降低能源消耗和环境污染的任务仍十分艰巨。为了应对这些严峻挑战,需求响应应运而生。需求响应旨在通过经济手段激励引导用户避开高峰需求时的高电价;高级用户还能根据电价信息及系统状态来布置分布式能源。实施需求响应的一个必要条件是用户具有实施需求响应的技术能力,为此需要建立需求响应技术支持系统。需求响应的支持技术的发展经历了从智能电能表示高级量测体系(Advanced Metering Infrastructure,AMI)阶段。通过将智能电能表与负荷控制设备和通信网络的组合,成为支撑高效需求侧响应的高级量测体系。高级量测体系是一个计量系统,它能够记录每小时或更短时间间隔的用户用电量等数据,并能够将数据和需求响应信息通过通信网络传输到数据采集中心的量测系统。AMI能够传递并实施一个完整的需求响应决策。随着数字化信息技术的发展,AMI成为智能电网的一个基础性功能模块,它与高级配电运行(Advanced Distribution Operation,ADO)、高级输电运行(Advanced Transmission Operation,ATO)及高级资产管理(Advisors Asset Management,AAM)成为智能电网的四大体系。

二、AMI 的结构与组成

(一)AMI 的结构

AMI的典型结构包括五个主要组成部分,即智能电能表、用户(家庭)网络、通信网络、计量数据管理系统(Measurement Date Management System,MDMS)和 AMI 接口。AMI 的各部分通过网络连接起来,共同完成实施需求响应所必需的用户用电信息、电价与系统信息的双向传输与用电控制,实现需求响应的自动化与智能化。其中负荷控制设备能够远程断开与连接用电设备;分布式能源控制设备能够远程启动与停止用户的现场发电机组等;用户门户层是用户与网络的接口,提供用户对设备控制命令的输入等交互服务;计量数据管理系统存储并分析用户的用电数据;用户服务中心实现用户的用电结算、需求响应的确认以及用户用电信息的查询等功能;市场运行系统分析市场运行状况以及发输电成本,形成实时电价,并通过通信网络将相关信息传输到用户网络;配电管理系统(Distribution Management System,DMS)分析 AMI 数据以优化运行、节约成本、提高用户服务水平。

（二）AMI 的组成

1. 智能电能表

智能电能表是一种可编程的、有存储能力和双向通信能力，具有需求响应功能的先进计量设备，是分布于 AMI 网络上的传感器。

智能电能表按设定时段记录（一般为 1h）从电网传输给用户的能量或由用户电源输入电网的能量，因此可以支持以设定时段为计费单位的电价机制，可自动化远程抄表或按需抄表，能远程连接与断开室内所有用电设备（即远程控制），报告电力参数越界状况，检测偷窃电现象，进行电能质量监测等，具有远程校准时钟功能。

2. 用户局域网

用户局域网是一种室内局域网，它通过网关（或用户入口）将智能电能表和户内可控的电器装置（如电脑、可编程温控器、冰箱、空调等）连接起来，通过用户能量管理系统与室内显示设备形成一个响应的能量感知网络。用户局域网使用户具有远程控制室内用电设备的能力，提供了一个代理用户参与市场的智能接口。

3 计量数据管理系统（MDMS）

计量数据管理系统是配电管理中的用户用电数据分析处理系统，能与其他信息系统交互。其主要包括用户信息系统、地理信息系统、公用事业 Web（万维网）站点、断电管理系统、电力质量管理和负荷预测系统、移动作业管理、变压器负荷管理、企业资源规划等。

三、AMI 接口（用户入口）

AMI 通过用户接口与用户交互，同时为电网提供一个面向市场的智能接口。用户入口可以装在任何设备中，如电能表计本体、邻近的电能采集器、独立的电力公司网关、用户的计算机、机顶盒等。

用户入口能用作自动抄表和动态降减负荷的联络点。例如，为用户提供刺激方案和工具，鼓励他们自愿通过控制设备来减小负荷；在紧急状态下从参与需求响应的用户侧迅速减小负荷。

用户入口可以允许更多高级用户将本地的选择集成到电力系统和能源市场；允许能源服务公司远程管理用户账号并使能源服务公司能够做到检测窃电、检测用户前端设备的损坏、远程连接或断开和配置用户服务、限制最大用户负荷；用户入口能够允许配电操作人员对系统问题实现快速反应，优化系统到用户层次，而不仅仅在馈线层次。

当 AMI 接口大数量的布局，AMI 体系就可以扩大为公共事业单位提供一个框架的服务。如监测用户侧的安全和警告（如洪水或冰冻）、监测家庭病人的健康状况、监测家庭空气质量、控制和优化楼宇的加热和照明等。

第三节 智能电网的高级配电体系

一、高级配电自动化概述

（一）高级配电自动化的定义与特点

为与传统配电自动化（Distribution Automation，DA）区分，将智能配电网中的 DA 称为高级配电自动化（Advanced Distribution Automation，ADA）。ADA 是配电网革命性的管理与控制方法，可实现配电网的全面控制与自动化并对分布式电源（DER）进行集成，使系统的性能得到优化。

ADA 是对传统 DA 的继承与发展，与传统 DA 相比，其主要功能特征为：①支持分布式电源 DER 的大量接入并与配电网相集成；②支持自愈控制技术，包括分布式智能控制技术；③实现柔性交流配电设备的协调控制；④支持与用户的互动，实现配电与用电管理智能化；⑤提供实时仿真分析与辅助决策工具，支持实时状态估计、网络重构、电压无功优化控制、故障定位和隔离；⑥采用 IEC 61850 标准通信规约，使系统具有良好的开放性与可扩展性。与调度及变电站之间实现"无缝"连接，信息高度共享。

（二）高级配电自动化（ADA）的功能

传统 DA 包含配电变电站、中低压配电网络、用户侧三个层次上的自动化内容，而在智能配电网中，用户侧自动化技术与用户的互动等新型服务及管理内容较为丰富。ADA 包含高级配电运行自动化（ADO）和高级配电管理自动化（ADM）两方面的技术内容。

1. 高级配电运行自动化（ADO）

ADO 主要完成配电网安全监控与数据采集（Supervisory Control And Data Acquisition，SCADA）、馈线自动化（Feeden Autonation，FA）、电压无功控制、DER 调度等实时应用功能。由于分布式电源 DER 与柔性交流配电设备的广泛应用，使智能配电网成为一个功率双向流动的复杂有源网络，因此配电网监控功能，必须使用广域控制及快速仿真模拟等高级应用软件和分布式智能（Distributed Intelligence，DI）控制技术，以对其进行有效监控。这些智能控制技术将在配电网自愈控制中讨论。

2. 高级配电管理自动化（ADM）

（1）ADM 的基本概念

高级配电管理自动化（Advanced Distribution Automation，ADM）以地理图形为背景信息，实现配电设备空间与属性数据以及网络拓扑数据的录入、编辑、查询与统计管理。

在此基础上，ADM 完成停电管理、检修管理、作业管理、移动终端（检修车）管理等离线或实时性要求不高的应用功能。

（2）配电网停电管理智能化

配电网停电管理的智能化是配电网智能化的重要标志之一，是高级配电网管理自动化的重要组成部分。配电网停电管理技术可以为故障停电提供更科学、准确和快速的分析手段。它在配电系统数据集成的基础上，实现用户故障的电话报修，对停电范围、原因、恢复供电的自动应答和基于用户性质、设备信息、班组计划的故障检修协调指挥。

停电管理为电力客户服务中心提供一套具有地理背景的可视化管理，该技术可综合分析各类停电信息（包括 SCADA 信息、故障报修电话信息、计划检修停电信息），进行故障诊断、定位，并在地理图上进行直观的可视化显示，指导停电检修。

配电网停电管理分析指挥系统涉及地理信息、生产管理、SCADA、高级测量、用电营销、电力客户服务等，需要各系统数据共享与互操作，才能完整实现停电管理智能化功能。

二、智能配电网的自愈控制技术

（一）自愈控制技术基本概念

1. 自愈控制概述

智能配电网是智能电网中连接主网和面向用户供电的重要组成部分，自愈作为智能配电网的"免疫系统"，是智能配电网最重要的特征。智能配电网的"自愈"功能，主要是解决"供电不间断的问题"。自愈控制，也就是在无须或仅需少量人为干预情况下，利用先进的监控手段对电网的运行状态进行连续的、在线的自我评估，并采取预防性的控制手段，及时发现、快速诊断、快速调整或消除故障隐患。在故障发生时能够快速隔离故障、自我恢复，实现快速复电，而不影响用户正常供电或将影响降至最小。

自愈功能使配电网能够抵御并缓解电网内部和外部的各种危害（故障），保证电网的安全稳定运行和供电质量。具有自愈能力的智能配电网将具有更高的供电可靠性、更高的电能质量、支持大量的分布式电源的接入、支持用户能源管理（需求侧管理）、提高电网资产利用率、对配电网及其设备进行可视化管理、实现配网设备管理、生产管理的自动化、信息化。

2. 电网的运行状态和自愈控制过程

从配电网的自愈控制过程分析，可将电网的运行状态分为五种状态。①正常状态：在保护和控制装置局部功能正确执行的条件下，如果故障发生，电网能够维持正常运行的状态。②脆弱状态：如果故障发生，即使保护和控制装置的局部功能正确执行，电网也将失去负荷状态。③故障状态：故障正在发生的状态。④故障后的状态：故障发生后达到的平衡状态，其中电网瘫痪是极端恶化的故障后状态。⑤优化状态：具有更大安全裕度的正常状态。

配电网的自愈控制过程就是完成如下四种基本控制：预防控制、紧急控制、恢复控制、优化控制。①预防控制：使电网从脆弱状态回到正常状态的控制。②紧急控制：使电网从故障状态回到正常状态的控制，必须快速、及时。③恢复控制：使电网从故障后状态回到正常状态的控制。④优化控制：正常状态下，使电网具有更大安全裕度的控制。

（二）分布式智能控制

以上四类控制是智能配电网自愈控制的具体实施，是自愈控制策略的具体体现。电网自愈控制的一个重要环节是故障清除，是按分布式智能 DI 控制方式实现的。采用基于终端之间对等交换实时数据的分布式智能控制技术，既能利用多个站点的测量信息提高保护控制实时性，又能避免主站集中控制带来的通信与数据处理延时长的问题，是配电网分散式保护控制模式的发展方向。

分布式智能控制有两种实现方式：①基于智能终端的方式，智能终端通过对等通信（IP）网络获取相关站点终端数据，自行决策。不需要安装专门的装置，具有很高的实时性（最快达到 200ms 以内），对终端处理能力要求高，用于 IP 通信网。②采用配电网专用的分布式智能控制器（Distributed Intelligent Controller，DIC）的方式，安装在变电站、开关站或其他选定的站点内。DIC 通过专用通信网（例如以太网）集中收集处理相关站点终端的数据，做出综合决策并将控制命令送回相关终端执行。

应指出的是，在故障清除阶段主要依靠智能终端或智能控制器隔离故障，实现从故障状态到正常状态或故障后状态的控制。而在故障恢复阶段要依靠主站的广域测控系统及实时仿真计算分析后下发的恢复控制命令实现。这样，一方面保证了故障切除的快速性，另一方面具有全局的协调优化能力，可适应多变的网络结构与系统运行方式，是一种集中一分散式的自愈控制技术方案。

（三）智能配电网自愈控制的关键技术

配电网自愈控制功能的实现主要依赖于配电网广域测控技术、分布式智能控制技术、快速仿真与模拟技术、快速复电技术。同时，智能配电网必须具备保护装置的协调与自适应整定、与 DER 的协调控制、智能分析与决策、分布式计算等一系列技术。这一系列技术很大程度上决定着自愈控制功能的实现方式、效率与可靠性。

1. 配电网广域测控技术

广域测控技术的一个重要应用是配电网自愈控制，广域测控系统不仅可以提高对重要负荷供电的可靠性，减少停电范围，而且对预防大规模连锁崩溃事故、保证城市电网安全可靠供电意义重大。不同于继电保护系统，紧急控制系统对实时性要求并不严格，许多复杂的计算功能需要依赖后台计算机完成，因此配电网广域测控技术在结构上适合采用集中控制模式。当它与配电网的智能终端或 DIC 相配合时，适合于集中一分散控制模式。

配电网集中控制模式是基于对等通信网络的广域测控系统，为配电网监测与保护控制应用提供了开放性的统一支撑平台，在此基础上实现 DER 并网控制、广域保护、快速故障隔离和恢复供电、小电流接地故障自动定位等新型保护控制技术。

2. 快速仿真与模拟技术

快速仿真与模拟技术是在数字仿真技术的研究基础发展而来，是配电网实现自愈控制的核心技术之一。配电网快速仿真与模拟技术提供实时计算工具，分析预测配电网运行状态变化趋势，可对配电网操作进行仿真及风险评估，并向运行人员推荐调度决策方案。因此配电网快速仿真与模拟技术是保证智能配电网安全可靠、高效优化运行的重要技术手段。配电网快速仿真与模拟技术是由一系列面向配电网的实时分析软件组成的分布式智能系统，包括了负荷预测、动态分析、潮流计算、状态估计等子系统。

此外，快速仿真与模拟还有必要与输电网的数据配合，来优化配电网的控制决策。配电网节点众多、网络复杂，三相负荷不平衡现象严重、数据不健全，使得对其进行计算分析不同于输电网，考虑 DER、柔性交流配电技术设备的大量应用，更使其难度与复杂程度大为增加。因此快速仿真与模拟技术，还有较大的发展前景。

3. 快速恢复供电控制技术

配电网在准确隔离故障之后，电网系统立即进入恢复状态，自主选择合理的供电路径，快速恢复停电区域的负荷供电，将孤岛运行的区域并入网络，恢复为脆弱状态，甚至正常运行状态。快速恢复供电控制技术是以提升客户满意度为出发点，以快速恢复供电为目标，优化配电网故障复电管理模式的一种自愈控制技术。此外，快速恢复供电控制技术，必须在进一步完善配电网馈线自动化系统的基础上，才能保证配电网自愈过程中最大限度地减少电力用户因故障引起的损失。

三、分布式电源及其并网技术

智能电网区别于传统电网的一个根本特征是支持分布式电源的大量接入。满足 DER 并网的需要，是智能电网提出并获得迅速发展的根本原因。

（一）分布式电源的概念

分布式电源是指小型的（容量一般小于 50MW）、向当地负荷供电的、可直接连到配电网上的电源装置。它包括分布式发电装置与分布式储能装置。分布式发电（Distributed Generation，DG）装置根据使用技术的不同，可分为热电冷联产发电、内燃机组发电、燃气轮机发电、小型水力发电、风力发电、太阳能光伏发电、燃料电池等。根据所使用的能源类型，DG 可分为化石能源（煤炭、石油、天然气）发电与可再生能源（风力、太阳能、潮汐、生物质、小水电等）发电两种形式。分布式储能（Distributed Energy Storage，DES）装置是指模块化、可快速组装、接在配电网上的能量存储与转换装置。根据储能形式的不同，DES 可分为电化学储能（如蓄电池储能装置）、电磁储能（如超导储能和超级电容器储能等）、机械储能装置（如飞轮储能和压缩空气储能等），热能储能装置等。此外，近年来发展很快的电动汽车也可在配电网需要时向其送电，因此也是一种 DES。

（二）分布式电源并网对配电网的影响

1. 分布式发电装置并网给配电网带来积极的影响

（1）提高供电可靠性

DER 可以弥补大电网在安全稳定性上的不足。含 DER 的微电网可以在大电网停电或在灾害期间，由于 DER 启停方便能维持部分重要用户的供电，避免大面积停电带来的严重后果。对特殊场合的用电需求，DER 可作为移动应急发电。

（2）DER 投资小、见效快

发展 DG 可以减少、延缓对大型常规发电厂与输配电系统的投资，降低投资风险。

（3）减少传输损耗提高能源效率

DER 就近向用电设备供电，避免输电网长距离送电的电能传输损耗。分布式储能装置并网后，可在负荷低谷时从电网上获取电能，而在负荷高峰时向电网送电，起到对负荷削峰填谷的作用。当与风能、太阳能等可再生能源发电装置配合使用时，可就地补偿其功率输出的间歇性。

2. 分布式电源并网带来的技术问题

DER 的大量接入改变了传统配电网功率单向流动的状况，这给配电网带来一系列新的技术问题。

（1）电压调整问题

配电线路中接入 DER，将引起电压分布的变化。由于配电网调度人员难以掌握 DER 的投入、退出时间以及发出的有功功率与无功功率的变化，使配电线路的电压调整控制十分困难。

（2）继电保护问题

DER 的并网会改变配电网原来故障时短路电流水平并影响电压。

（3）对短路电流水平的影响

直接并网的 DG 会提高配电网的短路电流水平，因此提高了对配电网断路器遮断容量的要求。

（4）对配电网供电质量的影响

风力发电、太阳能光伏发电输出的电能具有间歇性特点，引起电压波动。通过逆变器并网的 DER，不可避免地会向电网注入谐波电流，导致电压波形出现畸变。

3. 分布式电源并网对配电网运行、检修及管理的影响。

（1）DER 的接入会增加配电网调度与运行管理的复杂性

风力发电、太阳能光伏发电等输出的电能具有很大的随机性，而用户自备 DER 一般是根据用户自身需要安排机组的投切；这一切给合理地安排配电网运行方式、确定最优网络运行结构带来困难。

（2）DER 的接入给配电网的施工与检修维护带来了影响

由于难以对众多的 DER 进行控制，停电检修计划安排的难度增加，配电网施工安全风险加大。

（3）对配电网规划设计、负荷预测的影响

由于大量的用户安装 DER 为其提供电能，使配电网规划人员难以准确地进行负荷预测，进而影响配电网规划的合理性。

（4）分布式发电并网的经济问题

由于 DER 的接入，特别是对于自备 DER 的用户，为保证其自备 DER 停运时仍能正常用电，供电企业需要为其提供一定的备用容量，这就增加了供电企业的设备投资与运行成本，这些费用理应有一部分由 DER 业主来分担。因此，需要完善电价政策，合理地调整供电企业与 DER 业主的利益。

（三）分布式电源并网技术

1. 分布式电源并网基本技术要求

为确保配电网的安全运行和供电质量，DER 并网要满足以下基本要求：①保证配电网电压合格，电压偏移不超过允许范围；②配电设备运行电流以及动、热稳定电流不超过允许值；③短路容量不超过开关、电缆等配电设备的允许值；④电能质量指标，如电压骤变、闪变、谐波符合规定值。

2. 分布式电源并网保护

分布式电源并网保护除分布式电源机组的保护外，主要是配备孤岛运行保护，简称孤岛保护。"孤岛"是指配电线路或部分配电网与主网的连接断开后，由分布式电源独立供电形成的配电网络。变压器低压侧断路器 QF1 跳开后，分布式电源和母线上其他线路形成的独立网络就是一个孤岛。这种意外的孤岛运行状态是不允许的，此时 DER 发电量与所带的负荷相比，有明显的缺额或过剩，从而导致电压与频率的明显变化；并且线路继续带电会影响故障电弧的熄灭、重合闸的动作，危害事故处理人员的人身安全；对于中性点有效接地系统的电网来说，一部分配电网与主网脱离后，可能会失去接地的中性点成为非有效接地系统，这时孤岛运行就可能引起过电压将危害设备与人身安全。在 DER 与配电网的连接点上，需要配备自动解列装置，即孤岛保护。在检测出现孤岛运行状态后，自动解列装置迅速跳开 DER 与配电网之间的联络开关。

第四节　智能电网条件下的用电服务

用电服务环节直接面向社会、面向客户，是社会各界感知和体验智能电网建设成果的主要途径，在智能电网中具有十分重要的地位和作用。

电网公司以智能用电服务体系为基础，通过数据采集、高级量测体系（AMI）、双向互动、分时电价等手段，鼓励用户参与需求响应和有序用电，改变用户用能方式，提高电能在终端能源消费中的比重，从而达到削峰填谷、改善能效、节能降耗的目的。

一、用电服务面临的挑战

按照能源发展战略的调整和发展低碳经济的要求，我国正在加快建设资源节约型、环境友好型社会，今后电能等绿色能源的使用比重将不断加大，用电服务面临的内外部环境发生了显著变化，因此传统用电服务模式将面临较大影响和挑战，用电服务将遇到许多新情况、新问题和新要求。

智能电网是能源和信息相互融合而带来的重大技术变革，将对传统的用电服务产生深刻的影响。例如，传统的柜台人工方式将会被网络或终端自助服务方式所取代。随着社会的发展，人们对个性化、多样化的服务需求将大大增加，更多增值服务将会出现。智能电网改变了原有的用电服务形态，扩展了用电服务内容，增加了新的服务领域，同时，用户对服务的需求也发生很大的变化。

（一）提升了常规用电服务水平

原有的信息查询、故障报修、业扩报装、费用结算等业务基本上是在供电营业厅完成的。随着用电信息采集、营销业务应用和95598互动服务网站等信息化系统的运行，很多原先需要柜台办理、办公室审核的业务现在可以通过网站、手机、自助终端来进行，而售电缴费业务也可以通过银行等第三方机构来结算。

（二）增加了智能用电服务

智能电网产生了新的用电形式，相应地带来了新的服务内容。例如，分布式电源接入、储能、电动汽车充放电、需求响应、能效管理、电能质量监测等。这些新型用电形式对现有常规用电服务的管理模式和业务流程提出了挑战，需要在智能电网条件下以创新的思维为用户提供更丰富的智能用电服务。

（三）开拓了第三方服务

第三方服务提供商可以通过智能用电服务平台开展包括社区物业、广告投放、安防报警、健康监护、医疗护理、公用事业缴费、网络购物、三网融合等增值服务。这样，电网企业就承担了更大的社会责任，也拓展了新的发展空间。

二、智能用电服务体系架构

所谓智能用电服务体系，就是以坚强智能电网为坚实基础，以智能用电服务组织管理及标准和智能用电服务关键技术及装备为坚强支撑，以通信与安全保障体系为可靠保证，以智能用电信息共享平台为信息交换途径，通过智能用电服务技术支持平台和智能用电服务互动平台，为电力用户提供智能化、多样化的用电服务，实现与电力用户之间能量流、信息流、业务流的友好互动，提升用户服务的质量和水平。

智能用电服务体系的核心内容包括智能用电服务互动平台、智能用电服务技术支持平台、智能用电信息共享平台、通信与安全保障体系等；智能用电服务的支撑体系包括组织管理及标准、关键技术及装备等。

三、技术支持平台

智能用电服务技术支持平台主要由八个子系统构成。其中，用电信息采集系统和用户用能服务系统是基础应用系统，负责智能用电服务相关信息的采集与监控；智能量测管理系统、分布式电源管理系统、充放电与储能管理系统是专业应用系统，实现智能用电服务不同领域的专业管理；营销业务管理系统是智能用电的综合业务应用系统，是技术支持平台的核心系统，实现智能化的营销业务管理与综合应用；辅助分析与决策系统是高级应用系统，为决策层提供分析和决策服务；地理信息系统是智能用电地理图形服务系统，为其他系统提供可视化的智能用电图形服务。智能用电服务技术支持平台中，各子系统之间存在大量信息与业务交互。

第五节　用电信息采集系统的定位和作用

用电信息采集系统是对用户的用电信息进行实时采集、处理和监控的系统，可以实现电力用户的全覆盖和用电信息的全采集，全面支持费控管理，是智能电网用电环节的重要基础和用户用电信息的重要来源，也为智能用电服务技术支持平台提供基础用电信息数据。在坚强智能电网建设过程中，如何构建智能化电网时代要求的用电信息采集系统，改进和完善现有信息化体系，支撑智能电网信息化服务平台是我们当前必须面对的问题和挑战。

用电信息采集系统是智能用电服务体系技术支持平台的重要组成部分。通过技术支持平台和双向互动平台，实现营销管理的现代化运行和营销业务的智能化应用，构建电网与用户之间的电力流、信息流、业务流实时互动的新型供用电关系，全面提升综合服务水平，大幅提高电能占终端能源消费的比重，提高供电可靠性和用电效率，实现电力资源的最佳配置。

一、系统定位

用电信息采集系统可以为市场管理、95598 互动服务平台、营销稽查监控、抄表、计量管理、电费收缴、有序用电、营销业务应用和辅助决策提供负荷、用电异常、抄表、计量异常、运行信息等数据。

（一）在信息系统中的定位

基于电网公司各层面、各专业的应用需求，用电信息采集系统全面建成后，作为信息系统的组成部分，将为公司数据中心提供强大的数据支撑，不仅可以满足现阶段各方面的应用需求，还具有较强的适应性和扩展性，可以满足未来技术进步管理提升和形势发展的需要。

用电信息采集系统既可以通过中间数据库、WebService 等方式为营销业务应用和营销稽查监控等信息系统提供数据支撑，也可独立运行，完成采集点设置、数据采集管理、有序用电、预付费管理、档案管理、电能损耗分析等功能。

用电信息采集系统从功能上完全覆盖营销业务应用中用电信息采集业务所需要的相关功能，包括基本应用、高级应用、运行管理、统计查询、系统管理等，也为营销业务应用中的其他业务提供用电信息数据源和用电业务支撑；同时，还可以提供营销业务应用之外的综合应用分析功能，例如，配电业务管理、电量统计、决策分析、增值服务等，并为其他专业系统如生产管理、地理信息系统、配电自动化等提供基础数据。

（二）在智能用电服务系统中的定位

用电信息采集系统是智能用电服务系统技术支持平台的重要组成部分，为智能用电的其他服务系统的业务提供数据支撑。

二、系统作用

用电信息采集系统是智能用电服务体系中的基础应用系统，该系统在营销业务应用、双向互动服务、分布式电源和储能的接入、用户异常用电状况监视、电费管理和回收等方面发挥主要作用。

第一，用电信息采集系统的一体化应用平台能支持多种通信信道和终端类型，有效整合专用变压器、公用配电变压器、低压集抄的用电信息，在同一个平台上完整地实现采集、监控和业务应用等功能，有效提高电能计量、自动抄表、预付费等营销自动化程度，提高营销管理整体水平。同时，用电信息采集系统还能够为 SG-EKP 信息系统提供及时、完整、准确的数据支撑，满足智能电网自动化、信息化和互动化的要求。

第二，用电信息采集系统为智能用电服务体系技术支持平台的基础应用提供数据，满足了电网与用户的互动需求，使用户随时可以了解电网信息，可以为用户提供灵活定制、多种选择、高效便捷的服务，不断提高服务能力，满足智能社区、智能家居等增值服务需求，提升客户满意度。

第三，用电信息采集系统支持用户侧分布式电源和储能的接入，通过接入终端来采集数据，为分布式电源接入管理、储能接入管理和用户用能服务提供基础数据，这对于提高终端清洁能源的利用效率，促进节能减排，建设资源节约型和环境友好型社会具有重要意义。

第四，用电信息采集系统配合专用传感器，可实时监视用户异常用电状况，及时发现损坏的计量设备，准确跟踪和定位窃电嫌疑用户，所记录的各种用电数据和曲线，为查处用户窃电提供了有力证据，是反窃电工作最有效的技术手段。

第五，用电信息采集系统可以与营销业务应用系统无缝连接，实现用户档案、计量数据、用电信息的共享，协调完成对营销计量、抄核收、用电检查、需求侧管理等业务流程的技术支持。

第六，用电信息采集系统的"全费控"功能有利于促进预付费的推广，有效管理电费的回收，减少欠缴等长期制约电网效益的问题，增加电网公司经济效益。

第七，用电信息采集系统可以配合国家实施的峰谷电价、阶梯电价等电费政策，平衡电力供需矛盾，更有效地调整地区负荷，延缓电厂建设投资，保证电网安全运行，实现有序用电。

第二章　智能电网中电能的转换与控制技术

第一节　电能转换技术

一、电热转换技术

电能和热能是能量的不同形式，它们之间是可以相互转换的。如热力发电厂是将热能转换为电能，而电加热装置是将电能转换为热能。电能转换为热能的方式主要有电阻加热、电弧加热、感应加热和介质加热四种类型。

（一）电阻加热

1. 直接电热法

直接电热法是使电流通过被加热物体本身，利用被加热物体本身的电阻发热而达到加热目的。如在家用电器中，利用水本身的电阻加热水的热水器等。凡是利用直接电加热法加热的物体，其本身必须具有一定的电阻值，其电阻值太小或太大都不适合采用直接电热法。

2. 间接电热法

再间接电热法中，电流通过的回路并不是所要加热的物体，而是另一种专门材料制成的电热元件。选取电热元件取决于加热温度与周围的情况，可使用镍铬丝、盐浴、石墨、钨丝等、

（二）电弧加热

电弧加热是利用电极与电极之间或电极与工件之间放电促使空气电离形成的电弧产生高温加热物体。家用电器产品中的电子点火器和工农业生产中常用的电弧焊及电弧炉等都属于电弧加热。电弧炉是用一根或三根石墨制的电极与熔化材料间形成电弧，用这种电弧热来加热材料的炉子，它可以达到非常高的温度（约 3500℃）。

（三）感应加热

在被加热物体的周围安装感应线圈，当交流电通过线圈时，就有电磁场产生，该交变磁场在感应线圈内侧的被加热物体中产生感应涡流，涡流在被加热物体中产生涡流损耗和交变磁化损耗，使被加热物体发热。用这种感应涡流来加热的方法称为感应加热。

由于线圈的电抗与漏磁通起主要作用，感应线圈负载的功率因数非常（$\cos = 5\% \sim 20\%$），为了改善功率因数，将大容量的电容器与负载并联，可提高到近 100%，感应加热按电源的频率，可分为两类：

1. 低频感应加热

低频感应加热电源频率为 50Hz 或 60Hz，由于是一般的工频电源，所以设备简单，价格低廉。这种炉的热效率很好（约 85%）常被用来熔化锌、黄铜等低熔点的金属以及铸铁液的保温。

2. 高频感应加热

高频感应加热电源频率为 500～1000Hz，电源设备中必须有高频发生装置。高频发生装置在低频范围内使用晶闸管，在中频范围内用高频发电机，在高频范围内则使用真空管振荡器。

高频感应熔化炉使用时，在感应线圈中通过高频电流，熔化室中的熔化金属产生涡流，这种炉子被用作各种金属的熔化，特别是由于能在短时间内熔化，所以适用于特殊钢的熔化，炉子容量为数千千瓦，装载量可达数十吨。

（四）介质加热

介质加热是将被加热物体置于高频交变电场中，利用被加热物体的介质损耗加热。在工业中用来加热和干燥电介类和半导体类材料。在家用电器产品中，用来制造微波炉等产品。

波长在厘米波段的电磁波通过被加热物体时，其能量会被吸收，这种波称为微波。微波具有遇到金属反射，对绝缘材料如瓷器、石块、玻璃及塑料可透过，对水和含水材料则被吸收并转化为热的特点。

电磁波是由磁控管产生的，在微波炉里使用产生等幅振荡的磁控管，电磁波的频率在 1000MHz 左右，它以 14.7cm 的波长通过天线棒和波道在工作空间发射工作空间用不锈钢制成，对电磁波可反射。通过金属风扇旋转使工作间电磁波分布开，使加热物体的各个侧面都能碰到电磁波并吸收能量而加热。微波设备不但可用于家庭，还可以用于化学、生物、医疗等领域。

二、电光转换技术

电光转换技术最普通的应用就是电气照明，同时在进行信号的传输、处理、显示及各种控制装置中也被广泛应用。另外电光转换可以作为电能生产的一种方式，用于航空航天领域。随着电子技术和计算机应用及新材料科学的发展，电光转换技术正日益深入社会生活的各个领域，并在逐步改善和改变着人类的生产和生活方式。如光纤通信在当今的信息社会里充当着极为重要的角色。实际上，光纤通信系统由发射器、光传输通道（光纤光缆）、光接收器三个主要部分组成。光发射器把所要传送的电信号转换成光信号并发射出去，光纤光缆能高效率的传送光信号，光接收器是把光信号转换成电信号输出。

（一）热辐射光源

这类电光源是基于电流的热效应原理而发光的，即电流通过灯丝时，将灯丝加热到白炽（此时灯丝温度为热力学温度 2400～3000K）状态而发光的光源。如白炽灯、卤钨灯等。白炽灯是照明设备中应用最广泛的热辐射电光源，而卤钨灯是在白炽灯的基础上研究生产出来的一种高效率的热辐射光源这种光源有效地避免白炽灯在使用过程中，灯丝钨蒸发使灯泡玻璃壳内发黑，透光性降低所引起的灯泡发光效率降低。实际上卤钨灯就是在白炽灯内充入卤族元素气体。

（二）气体放电光源

依靠灯管内部的气体放电时发出可见光的电光源称为气体放电光源。常用的气体放电光源有荧光灯、节能灯、氙灯、钠灯、荧光高压汞灯和金属卤化物灯等。气体放电光源的主要特点是使用寿命长、发光效率高等。气体放电光源一般应与相应的附件（如镇流器、启辉器等）配套才能接入电源使用。

1. 荧光灯与节能灯

荧光灯和节能灯是当今世界电气照明的最主要电光源。荧光灯是一种低压汞蒸气放电光源。节能灯实际上就是一种紧凑型、自带镇流器的日光灯，节能灯点燃时首先经过电子镇流器给灯管灯丝加热，灯丝开端发射电子（由于在灯丝上涂了一些电子粉），电子碰撞充装在灯管内的氩原子，氩原子碰撞后取得了能量又撞击内部的汞原子，汞原子在吸收能量后跃迁产生电离，灯管内构成等离子态。

2. 高压钠灯

高压钠灯是近二十几年才发展起来的一种较新型气体放电光源，是一种发光效率高、使用寿命长、光色比较好的近白色光源。高压钠灯透雾性较强，适用于各种街道、飞机场、车站、货场、港口及体育场馆的照明。

3. 氙灯

氙灯是一种高压氙气放电光源，其光色接近于太阳光，且具有体积小、制造功率大、发光效率高等优点，故有"人造小太阳"之美称，并广泛用于纺织、陶瓷等工业照明，也适用于建筑施工工地、广场、车站、港口等其他需要高照度的大面积照明场所。

三、电声转换技术

（一）声振动到电振动的转换

1. 话筒

话筒又称"麦克风"，是一种能将声能转换成电能的装置。话筒种类有碳粉话筒、晶体话筒、动圈式话筒、电容式话筒和驻极体电容话筒等。

其中，无线话筒是一种带有发射功能的电容式话筒。使用距离在 $50\sim100\mathrm{m}$ 左右，国际上规定他的发射频率在 $100\sim120\mathrm{MHz}$，通常将它分成八个频道，每 $2\mathrm{MHz}$ 为一个频道，其中心频率规定为 $102\mathrm{MHz}$、$104\mathrm{MHz}$、$106\mathrm{MHz}$、$108\mathrm{MHz}$、$112\mathrm{MHz}$、$114\mathrm{MHz}$、$116\mathrm{MHz}$、$118\mathrm{MHz}$。这样两个相邻的教室可以使用不同的频道，互不干扰。但要注意，接收机必须带有调频波段，否则是收不到无线话筒的信号。

2. 拾音系统

唱机的拾音系统也属于电声转换装置，声振动转变为机械振动记录在唱片的声槽当中，当唱针接触声槽时，就将机械振动转换成了电振动。

（二）电振动转换为声振动

将电振动转换为声振动是利用了电流磁场能够产生磁力的原理，完成电声转换的器件称为听筒和扬声器。

1. 听筒

听筒是电话、对讲机、手机等通信工具传送声音的一种配件，是扬声器的一种，但一般不叫扬声器。听筒的原理大概是话筒的逆过程，结构也几乎一样听筒里也有一个薄膜，薄膜连接着一个线圈，同样也有一块永磁铁、特定形式的电流（比如话筒刚刚"编码"完成的电流）流过听筒的线圈，这样就使得线圈产生的磁场发生变化，于是永磁铁和线圈之间的磁力发生变化，于是永磁铁和线圈的距离会发生变化。这样就带动了薄膜振动，发出声音。

2. 扬声器

扬声器种类很多，如电动势、舌簧式、电压式等，其中以电动式扬声器应用最为广泛，它又可分为纸盒低音扬声器和号筒高音扬声器。

纸盒低音扬声器由永久磁铁、线圈、盒架和纸盒等几部分组成。永久磁铁和纸盒的边缘固定在扬声器的盒架上，在永久磁铁的圆形磁极缝隙里绕有线圈，线圈粘在可动纸盒上，当音频电流通过线圈时，线圈中就产生了随音频电流变化的磁场，线圈磁场与扬声器圆柱形永久磁铁的磁场之间发生相斥或相吸的相互作用，从而产生线圈振动，线圈就带动扬声器纸盒发出声音，这就是电动式扬声器的工作原理。

扬声器纸盒口径大小，决定了扬声器所能放出的最佳声音范围和所能承受的额定功率。一般来说，扬声器的口径越大，所能承受的额定功率也越大，低音也越丰富。

号筒式高音扬声器由发音头和号筒两部分组成，其工作原理与纸盒低音扬声器基本相同，所不同的是发音体不是用纸盒，而是将线圈粘在发音头膜片上。随着膜片的振动，空气以很快的速度通过圆锥形号筒底部的狭缝（也叫音喉）后，再经过圆锥形号筒的声压变换和反射，以一定的传播方向辐射到空气中。

四、电化学转换技术

（一）电池

电池分为原电池和蓄电池两种，都是把化学能转变为电能的器件。原电池是不可逆的，它只能把化学能变为电能（放电），故称一次电池。蓄电池是可逆的，它既能把化学能转变电能，又能把电能转变为化学能（充电），故称二次电池。蓄电池对电能有储存和释放的功能。

1. 铅蓄电池

蓄电池品种较多，但以铅蓄电池（也称酸性蓄电池）应用最为广泛，蓄电池也称电瓶，具有供电可靠和电压稳定等优点。

（1）铅酸蓄电池的主要结构

铅酸蓄电池主要由极板、电解液和外壳三部分组成。电解液由纯硫酸和纯水配制而成，电解液的相对密度 d 和电势 E 的关系可近似用以下经验公式确定：

$$E=0.85$$

电解液面比极板上沿至少高出 10mm，以防止极板翘曲。电解液面应比蓄电池容器上沿低 15～20mm，以防止充电过程中电解液沸腾时从容器内溢出。

（2）铅酸蓄电池的充放电原理

蓄电池放电时，放电电流在电池内部是由负极流向正极，蓄电池内电解液中氢的正离子移向正极板；硫酸根负离子移向负极板。在正极板和负极板上逐渐生成硫酸铅结晶，同时析出水，使电解液相对密度逐渐降低，化学能转变成为电能充电时，充电电流在电池内部是由正极板流向负极板。充电时蓄电池电解液中氢的正离子移向负极板；硫酸根负离子移向正极板，电能转变为化学能。

2．常用干电池

干电池的种类较多，但以锌锰干电池（即普通干电池）最为人们所熟悉，实际应用也最普遍。锌锰干电池分糊式、迭层式、纸板式和碱性型等数种，以糊式和迭层式应用最为广泛，如甲号、一号、二号、三号、四号、五号、七号干电池。

3．微型电池

微型电池是随着现代科学技术的发展，尤其是随着电子技术的迅猛发展而兴起的一种小型化的电源装置。它既可制成一次电池，也可制成二次电池。微型电池分为两大类：一类是微型碱性电池，品种有锌氧化银电池、汞电池、锌镍电池、锌空气电池等；另一类是微型锂电池，品种有锂锰电池、锂碘电池、锂铬酸银电池和锂氧化银电池等。微型电池主要应用在手机、手表、电脑、计算器等。

（二）电镀

电镀可分为直流电镀、周期换向电镀和脉冲电镀。直流电镀是一种在直流电流作用下，溶液里的金属离子不间断地在阴极上沉积析出的过程。

（三）电解

在电工技术中，高纯度（99.97%）铜具有最好的导电性，而生产高纯度的铜常采用电解的方法。在电解中，用（$CuSO_4$）作电解质，阳极由纯度差的铜制成，阴极由电解铜板制成，阳极与阴极之间加上直流电源，于是铜离子在阴极获得电子还原成铜沉积在阴极上而形成高纯度的铜；阳极的铜则失去电子转变铜离子而溶于电解液中，这就是电解铜的提炼过程。

铝也是良好的导电材料，自然界中存有大量的 Al_2O_3 资源，大约在 950℃ 的温度下可以从 Al_2O_3 中得到电解铝。

第二节　基于 FACTS 的电力电子换流器件

一、静止无功补偿器（SVC）

静止无功补偿器（Static Var Compensator，SVC）是一种并联无功发生器或者吸收器，它能够调节感性或容性电流，使电力系统满足特定的运行参数。

SVC 主要应用在 AC/AC 转换中来提高功率效率，对 SVC 进行适当的控制，可以达到以下目的：①减小系统波动；②大干扰下，获得非线性增益以提高相应速度；③晶闸管控制电抗器绕组直流电流消除；④逆序平衡；⑤晶闸管控制电抗器过电流保护；⑥二次过电压保护。

二、静止同步补偿器（STATCOM）

静止同步补偿器（Static Synchronous Compensator，STATCOM）由耦合变压器和带有控制系统的电压源换流器（Voltage Source Converter，VSC）组成，直流电源可以由电容器或者蓄电池提供，更多时候我们使用电容器。换流器的控制一般是让它的输出电流超前或者滞后电压/2 相位。当电流相位滞后电压时，STATCOM 作为无功电源，发出无功；反之，吸收无功功率，这里 VSC 中有功功率的损耗忽略不计。电压与的相位差决定了系统的运行方式。VSC 的控制系统会改变电压的大小，无功功率随在特定的工作模式（消耗无功模式或发出无功模式）下的改变而改变，也就是说无功功率值的调整范围可以从 100% 容性到 100% 感性，它可以通过电压的改变来实现，改变范围取决于 VSC 的控制系统。

SVC 和 STATCOM 工作原理的主要区别是 STATCOM 的输出电压不依赖于系统的电压值 V_T，而 VSC 的输出电压则是由系统电压决定的 STATCOM 在三相对称系统中另一个重要的应用是可以单独控制每相电压的幅值和相角，产生正序和负序电压因此系统中的负序电流就可以通过调整 STATCOM 输出电压的相角和幅值来控制减少，即使是负序电压（电流）存在于公用系统电压之中，这种方法也是可行的 STATCOM 的一个很重要的特点就是在两种工作模式下（感性模式或容性模式）都能保证其输出电流大小恒定，即使是在系统电压出现巨大波动的时候（比如系统电压骤降）。以上是通过使用 VSC 的控制系统改变输出电压 V_{out} 而实现的。简而言之，STATCOM 具有以下特点：①低电压水平下维持无功电流的稳定，因为它具有本质电流恒定特性，然而 SVC 具有定阻抗特性。②占用面积减少到 SVC 所用的 40%。③储能，前提是用电池代替电容器。④用作有源滤波器，因为每一次开关动作都可以滤掉相应的谐波。

三、晶闸管可控串联补偿器（TCSC）

晶闸管可控串联补偿器（Thyristor Controlled Series Compensation，TCSC）的工作原理是利用电力电子的方法改变线路的阻抗，使其低于或者高于其本来值的大小为 TCSC 的电路闸。从图中可以看出，TCSC 由常值电容器和晶闸管控制电抗器组成，电抗器的大小取决于晶闸管的触发角电抗的大小是：

$$X_L（\alpha）=X_L\left(\frac{\pi}{2\pi-2\alpha-\sin（2\alpha）}\right)$$

等效阻抗值为：

$$X_{TCSC}=\frac{X_L(\alpha)X_C}{X_L(\alpha)+X_C}$$

由于 $X_L(\alpha)$ 的值从 X_L 到 ∞ 变化，通过控制触发角 α，可以使 X_{TCSC} 的值在 $\frac{X_L X_C}{X_L+X_C}$ 到 X_C 的范围内变化。改变阻抗的值可以减小干扰引起的系统扰动。这种方法还可以用来抑制谐振或者电磁波动引起的频率变化（一般仅限频率波动范围 $0.5\sim2\text{Hz}$）。

四、静止同步串联补偿器（SSSC）

静止同步串联补偿器（Static Series Synchronous Compensator，SSSC）由一个换流器、一个电容器和一个变压器组成。其电压和电流 I 始终保持；$\pi/2$ 的相位差，或超前或滞后，以实现串联补偿。SSSC 向线路注入电压，线路的电抗会发生改变，电压 V_q 的值也是可调的，母线 1 向母线 2 输送的 V_q 有功功率随着而改变。图 2－1 所示为 SSSC 的工作原理图。

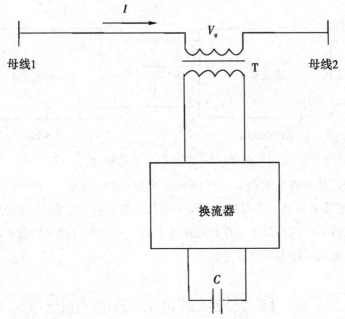

图 2－1　SSSC 的工作原理

五、统一功率流控制器（UPFC）

统一功率流控制器（Unified Power Controller，UPFC）是由 STATCOM 和 SSSC 在直流侧连接而成，连接处的电容器使得能量可以在 STATCOM 和 SSSC 的输出之间双向转换。图 2－2 所示为 UPFC 的工作原理图。UPFC 有两个连接到线路的电源逆变器（VSI）——第一个逆变器通过并联变压器连接，第二个通过串联变压器连接。

换流器 2 工作在"自动功率流控制模式"下。逆变器向对称三相系统注入电压 V_{C2}，改变电路电压的幅值和相角，调整线路中流动的有功功率和无功功率，因此，有功功率 P 和无功功率 Q 作为逆变器控制系统的参考量。换流器 1 工作在"自动电压控制模式"下电

流 I_{C1} 由有功部分和无功部分组成。有功部分和线路电压同相或者滞后相位 π，无功部分超前或者滞后线路电压 $\pi/2$ 的相位。如果让换流器 2 提供有功功率，那么电容器两端的电压值就会下降。换流器 1 的控制系统负责保持电容器两端的电压值恒定，这时电流 I_{C1} 的有功部分和线路电压同相位，电容 C 充电。如果换流器 2 消耗有功功率，电容器两端的电压就会上升。这时 I_{C1} 的有功部分会滞后线路电压相位 π；有功功率输送给线路。I_{C1} 的无功部分根据参考值进行调节，并不受其他条件限制。参考值有感性参考值和容性参考值，在保证电压稳定的前提下，由参考值决定是向输电线路发出无功还是吸收无功。

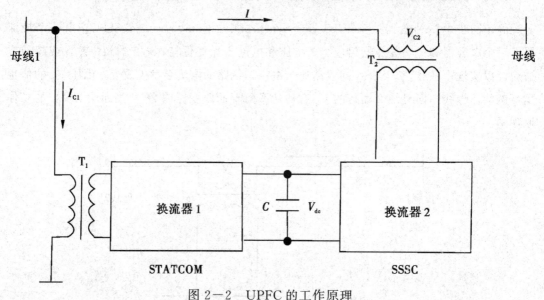

图 2-2　UPFC 的工作原理

由上述可知，换流器 2 的典型工作模式是作为 SSSC 使用，而换流器 1 作为 STAT-COM 使用。功率流变化时，需要换流器 1 来保持电容器两端电压 V_{dc} 的稳定。

由两个换流器组成的系统工作在相应模式下时，一定会出现额外的有功损耗。损耗主要出现在功率换流器电路和变压器中。

第三节　输变电在线安全运行控制技术

智能电网对输变电在线安全运行控制技术的要求将与传统电网发生很大的变化。首先，对在线安全监测及状态信息获取等方面，不同于传统电网的局部、分散、孤立信息，对于智能电网而言，其所监测的状态信息具有广域、全景、实时、全方位、同一断面、准确可靠的特征。由于电网是统一协调的系统，未来智能电网的状态监测需要通过对涵盖发电侧、电网侧、用户侧的状态信息，进行关联分析、诊断和决策。因此，智能电网的在线安全监测必须是广域的全网状态信息。其次，电网运行状态不仅依赖于电网装备状态、电网实时状态，还与供需动态与趋势以及自然界的状态相关。因此，未来智能电网的状态监测信息不仅有电网装备的状态信息，如输变电设备的健康状态、劣化趋势、安全运行承受范围、经济运行曲线等；还应有电网运行的实时信息，如机组运行工况、电网运行工况、潮流变化信息、用电侧需求信息等；还应有自然物理信息，如地理信息、气象信息、灾变预报信息等。因而，智能电网的状态监测信息应是全景、实时、全方位的同时，智能电网必须求对所获取的全网实时数据进行快速的筛选与分析，迅速、准确而全面地掌握电力系统的实际运行状态，同时预测和分析系统的运行趋势，对运行中发生的各种问题提出对策，并决定下一步的决策，为输变电系统的安全运行保驾护航。

一、高级保护与控制

随着互联电网区域的扩大，交换容量的增加，电网电压等级的提高，电力系统运行和控制更加复杂，出现故障和不稳定的概率大大增加，对继电保护和安全自动装置要求越来越高国外电网数次大停电事故的发生并不是因为继电保护和安全自动装置误动作，恰恰相反，它们都能正确动作，但是仍然不能避免大规模停电事故的发生，其原因就在于它们之间缺乏相应的配合协调，基于本地量的装置难以反映区域电力系统的运行状况。在全国联网的超大型电网形成后，我国电网在运行过程中也可能会遇到类似国外大型电网的问题，为了维护大型电力系统的安全性和稳定性，避免发生大停电事故，我国必须加快广域保护原理研究进程，尽快实现广域保护系统的实用化，将继电保护系统由目前的"点"保护提升为能适应电网互联要求的"面"保护此外计算机及通信计算的发展，为建立更完善的保护控制系统提供了条件，基于广域测量系统的广域保护成为当前电力系统的重大前沿研究课题之一。

基于相量测量单元（Phasor Measurement Unit，PMU）的广域测量系统实现了互联电网多点同步运行状态的实时监测，满足了电网实时监测系统所提出的空间上广域和时间上同步的要求 WAMS（Wide Area Measurement System，广域测量系统）在电力系统中的成功应用，为广域保护的实现提供了技术条件。

（一）产域保护的发展

瑞典学者伯蒂尔·英格尔森（Bertil Ingelsson）最早提出广域保护的概念，主要用来预防电压崩溃，完成的功能是稳定控制功能，该系统基于 SCADA 系统建立，数据传输速度慢由于数据传输速度较慢，所以该系统满足不了继电保护的要求。日本学者随后将广域保护的概念与继电保护相结合，提出使用 GPS 信号进行对时，通过专用的光纤信道传送多点电网状态信息。广域保护的概念一经提出，立即受到广泛的关注。

目前提出的广域保护系统可以分为两类：一类是利用广域信息，主要完成安全监视、控制、稳定边界计算、状态估计、动态安全分析等功能，其侧重点在广域信息的利用和安全功能的实现；另一类则是利用广域信息完成继电保护功能，将继电保护系统由目前的"点"保护提升为能适应电网互联要求的"面"保护。但是目前多数论文进行的只是概念性的讨论，对于具体问题如系统结构、通信网络配置、广域保护及控制算法等方面并没有进行详细深入的分析，尚未形成完整的理论体系。在广域信息的采集以及利用广域信息实现电网安全稳定控制方面，国内外已经有了实际运行的系统，但广域保护系统的构建和保护策略的制定均比较复杂，实现所有功能的广域保护还有一定困难。

（二）构建广域保护的技术条件

只有为电网配置广域保护系统，利用电网多点信息，实现保护装置之间动作的协调配合，避免出现因切除故障引起潮流转移而导致保护装置连锁跳闸造成整个系统停电的现象。电网广域信息是广域保护系统保护策略制定的依据，因此，实时、快速地收集并处理整个电网的信息是实现广域保护的基础，计算机技术和网络通信技术的高速发展为广域保护的实现提供了技术条件，在电力系统中则表现为微机保护装置和 WAMS 的高速发展及广泛应用。微机保护装置为广域保护系统提供了功能平台而 WAMS 则为广域保护系统提供了通信平台。

1. 微机保护的发展

微机继电保护可以说是继电保护技术发展历史过程中的第四代，即从电磁型、晶体管型（又称半导体型或分立元件型）、集成电路型，到微型计算机型。微机保护具有强大的计算、分析和逻辑判断能力，有存储记忆功能，因而可用以实现任何性能完善且复杂的保护原理。微机保护装置可连续不断地对本身的工作情况进行自检，其工作可靠性很高。此外，微机继电保护可用同一硬件实现不同的保护原理，这使保护装置的制造大为简化，也容易实行保护装置的标准化。微机保护除了具有保护功能外，还有故障录波、故障测距、事件顺序记录，以及与调度计算机交换信息等辅助功能，这对于事故分析和事故后的处理都有重大意义。

2. 广域测量系统的应用

广域测量系统是近年来电力系统领域中研究的热点问题、WAMS 可以在同一参考时间框架下捕捉到大规模互联电网各地点的实时稳态/动态信息，由于引入了 GPS 同步时间信号，WAMS 在广域信息采集过程中解决了时间同步问题，这些信息给大规模互联电力系统的运行与控制提供了新的思路 WAMS 可看作仅针对稳态过程的传统的监控与数据采集系统的进一步延伸，WAMS 的基本功能单元是分布于电网各节点的同步相量测量单元（Phasor Measurement Unit，PMU），各个 PMU 将节点的电网运行信息通过实时通信网络上传给监测中心站，中心站的广域电网实时运行数据可用于电力系统稳态及动态分析与控制的许多领域，如潮流计算、状态估暂态稳定性分析等。

（三）广域保护的原理

微机保护的发展和广域测量系统的应用为广域保护的实现提供了技术条件。广域保护系统应由具备远程通信能力的保护终端装置和可靠的高速实时通信网两部分组成，广域保护系统下的保护终端能够通过实时通信网络交换不同位置的保护信息，按照广域保护的动作策略，实现空间上广域分布的保护装置间动作的协调配合，从整个电网安全的角度优化不同保护之间动作配合，将继电保护系统由目前的"点"保护提升为能适应电网互联要求的"面"保护。由于保护终端之间能共享广域信息，广域保护系统除了包含传统的继电保护功能外，还应该具备安全紧急控制功能。紧急控制是指电力系统在大的扰动或故障下维持稳定运行和持续供电所采取的控制措施，如切机、快关汽门、电气制动、切负荷、解列等措施，有效控制时间大约为几百毫秒。与继电保护不同的是：继电保护在故障（无论是瞬时性故障还是永久性故障）发生后，不管延时多少，一定会作用于跳闸来隔离故障。而紧急控制装置则在某条线路故障或扰动发生甚至保护动作后，不立即动作，而是先进行整个系统稳定的定量判断，若系统稳定，则闭锁紧急控制装置；若系统失稳，则采取相应的量化控制措施，而且控制措施越早越有效。广域保护系统和传统继电保护都以快速可靠的切除系统故障为己任，但广域保护与传统继电保护的最大区别在于，传统继电保护较少考虑系统稳定性，而广域保护在保证电气设备运行安全和系统暂态稳定性的基础上，还着重考虑电网互联时各保护装置动作的协调和配合，保证故障切除后不发生大规模的连锁跳闸和系统崩溃现象。鉴于继电保护可靠性和独立性的要求，现有的主保护基于本地量进行故障判断，简单可靠，其作用是不可取代的广域保护主要作为系统主保护的后备保护考虑到广域保护的通信网络万一出现故障等紧急状况，广域保护应该可以退出运行，而只留下传统继电保护和安全稳定控制装置独立来保护电力系统。

（四）广域保护的应用前景

基于广域测量系统及动态安全分析技术的广域保护应用前景广泛，主要体现在以下几个方面。

1. 系统监测及事故记录

广域测量系统记录下的数据可用来复现事故过程，评估保护动作，从而改进系统发生类似故障的安全性，

2. 状态估计

由于PMU能提供实时、同步的电网运行数据，将PMU提供的量测量和RTU（Remote Terminal Unit，远程终端单元）的量测量一起加到状态估计中可以增加冗余度如果能充分利用统一时标的信息，基于WAMS的系统状态估计的精度将大幅度提高。

3. 与传统保护和SCADA/EMS系统的整合

传统的线路及装置保护的任务是将故障与系统隔离，快速性是其最基本的要求之一而广域保护因为需要通信并进行相对复杂的计算，在时间上很难达到传统保护的要求，因此，广域保护并不能替代传统保护。但另一方面，广域保护将系统作为一个整体考虑的优势也是传统保护所不具备的，广域保护可以作为线路和装置保护的后备保护。若能利用广域保护对系统运行状况的计算结果实时修改保护的门槛值，就能有效防止级联事故的发生。此外利用广域测量可以实现自适应的纵联保护、距离保护、自动重合闸及失步保护等。

4. 与多Agent体系结构相结合

Agent是一些具有自主性、社会性、反应性，目的性和适应性的实体，多个Agent可以构成多Agent系统，它们之间共享信息、知识及任务描述，多Agent通过单个Agent的能力及某种通信方法来协调它们的作用、分配和收集信息，以实现总体目标。多Agent体系结构可以使广域保护系统更加开放、更具模块化，还能缓解对通信系统的压力，增强对大事故的处理能力。

5.建立新的信息交换及预警机制

分析电网一年的扰动次数可知，在扰动发生时，一方面，调度员对系统状况特别是相邻电网的状况缺乏了解，这使得在事故扩大的过程中，调度员不能有效地采取措施；另一方面，扰动发生时，对于纷纷响起的各种报警信息，调度员往往不知所措，很难辨别系统当时真正的状况。因此，需要建立新的信息交换系统，实现各区域间关键数据的交换；同时，在扰动发生时，实现信息的过滤，仅将最重要的信息反馈给调度员。

二、电网运行状态认知现状

电力系统中的数据庞大而复杂，必须通过监视一系列的运行指标，如频率、电压和潮流，来认知电网的运行状态，同时运行人员需要根据这些指标的状态对电网实施合理有效的调度和控制。因此，建立一个科学、合理和全面的电网运行状态认知体系对客观、准确地掌握电网的运行状态至关重要。

目前，我国电网调度中心重点监视的运行指标有以下几种。

（一）频率指标

主要是对系统中的某几个点的频率进行采样，作为整个系统的频率，并且对频率指标有一套考核体系，分别对一次调频、二次调频、备用和 ACE（Aera Control Error，区域控制偏差）进行考核。

（二）备用指标

有功备用与频率密切相关。当系统频率正常而系统内旋转备用不足时，也需要采取相应的预防性措施保证频率不会出现异常。因此，备用也是必须关注的指标之一。

（三）ACE 指标

ACE 是反映系统频率是否健康的指标之一。

（四）电压指标

以华东电网为例，其主要职责是控制 500kV 的厂站，根据每一季度发电和负荷的实际情况，制定出所管辖厂站的电压限值表，用以判定系统的电压状态并采取应对措施。

（五）潮流指标

主要是依据各条线路或各个主变的有功潮流极限值进行监视。当潮流在极限值范围之内，认为系统潮流是稳定的，而当潮流越限，则认为不稳定，需要采取应对措施。

（六）负荷预测

提前一天制定未来一天的负荷情况，主要目的是使运行人员大致把握当天的荷峰时间，了解系统中的备用情况并进行适当调节。

三、交直流系统协调控制技术

（一）传统交直流系统协调控制策略

近几十年来，国内外学者在交直流协调控制技术问题（如多机系统 PSS 参数优化等方面）进行了大量的研究工作。线性最优控制理论、梯度法及线性规划等优化方法都被应用到这个问题中，但它们或者依赖于大量状态反馈量和经验加权参数，或者需要训练样本，有时对初值较敏感而且容易收敛于局部最优值。现代全局优化方法如模拟退火、禁忌搜索和遗传算法等逐渐被用于电力系统协调优化问题中。近年来国内外对交直流协调控制技术的研究主要集中在以下几个方面。

1. 基于线性控制理论的交直流系统协调控制

基于线性控制理论的交直流系统协调控制发展相对成熟，针对简化的交直流系统模型设计协调控制策略，较普遍的方法是通过改进直流紧急功率控制和直流调制技术实现多回直流系统相互协调。主要包括下面几方面。

（1）功率紧急提升/降低实现交直流系统的协调控制

由于直流系统具有快速改变输电功率和很强的过负荷能力，因此可以根据直流系统之间的电气关系，制定各直流系统功率控制策略，实现多回直流系统相互支援和协调。

（2）直流调制实现交直流系统的协调控制

直流输电系统带有多种调制功能，对于多回直流系统而言，根据各自改善某一特定振荡模态为设计目标的调制控制器在共同作用下有可能削弱整个系统的阻尼特性，因此通过优化各直流调制控制器，可以在一定程度上实现交直流系统的协调控制，改善系统在不同扰动情况下的阻尼特性。

2. 基于非线性控制理论的交直流系统协调控制

交直流系统具有强非线性特征。基于线性控制理论的控制器是根据系统在某个运行点线性化模型设计的，在大扰动下，这些控制器存在无法达到控制目标的固有缺陷，国内外学者很早就将非线性控制方法引入交直流控制研究中。

（1）基于反馈线性化理论的协调控制

反馈线性化方法可分为状态反馈线性化法和输出反馈线性化法。由于状态变量能够全面反映系统的内部特征，因此采用状态变量作为反馈信号能有效解决非线性系统线性化问题。但是，状态变量往往不能从系统外部直接测量获得，这就使得状态反馈线性化的实现过程较为复杂。系统的输出变量通常易于测量且一般具有明确的物理意义，所以输出反馈线性化是一种易于在工程应用中实现的方法。但由于输出变量有限，不能全面描述系统的状态，输出反馈线性化方法在实际应用中存在困难。因此，在非线性控制工程应用中需要解决输出变量与状态变量之间相互替换问题。

（2）复杂控制方法在交直流系统协调控制中的应用

现有的控制理论是基于被控对象数学模型来设计反馈控制系统的，期望的性能指标能否实现，取决于模型的精确程度而在工程实施中，系统数学模型往往与实际存在较大误差，因此控制器的有效性值得怀疑在交直流系统控制研究领域，为了达到更好的控制效果，各国学者将非线性系统线性化方法与最优控制、自适应控制，模糊控制、鲁棒控制、变结构控制等方法相结合，形成了许多新方法。

3. 基于分散控制理论的交直流系统协调控制

就交直流系统整体而言，协调控制策略的实现仅仅从局部稳定性出发是不够的，但考虑全局稳定性时，必然带来控制策略设计困难和采用远方或非可测信号工程实现困难的新问题，因此，近年来许多学者将分散控制理论应用于对交直流系统控制研究中，使得控制系统不反馈远方信号即能实现控制目的。现有实现协调控制的算法很多，主要分为基于最优思想的协调控制、基于无源系统稳定控制的鲁棒控制算法以及基于模糊神经网络的分散协调控制算法。其中基于最优控制思想的分散协调控制主要分为基于线性控制理论的分散控制方法和基于非线性控制理论的分散控制方法。

（二）交直流并联广域阻尼控制技术

随着广域测量系统（Wide Area Measurement System，WAMS）的出现和发展，研究和实现基于 WAMS 信号的全局信息反馈与控制成为可能为解决以上两个问题，已有众多学者提出要进行利用广域测量系统的电压稳定和暂态稳定紧急控制的研究。WAMS 对大范围的电网动态具有良好的可观性，WAMS 的应用研究已经有了丰富的成果，其建设在很多国家都达到了相当的规模，技术已较为成熟将 WAMS 的信号与发电机 PSS、可控串联补偿装置、直流调制等控制手段结合起来，发展了广域控制 WACS 技术。由于 WAMS 信号可以大幅提升控制器影响大区域电网动态行为的能力，WACS 近年受到了电力系统理论界的广泛关注，在 WACS 的设计和整定方面已有大量研究成果，工业界也积极研发 WACS 的相关技术。

（三）交直流系统协调控制技术的应用

长久以来通过调制直流功率改善交流系统的稳定性就是电力系统理论研究界以及工业界的热门话题之一。围绕直流调制抑制系统低频振荡的机理分析、调制控制器的输入信号选择、控制器参数整定等已经有众多研究成果，美国西部太平洋 AC/DC 系统在通过直流调制增强并联交流系统稳定性方面已经有多年的成功经验。日本、印度、瑞典等国家也建设了多条交直流互联线路，并对多馈入直流输电系统的无功需求以及换流站无功补偿对电压稳定的影响做了较为深入的研究。

随着西电东送工程的实施，越来越多的大规模交直流互联系统如南方电网和华东电网的多馈入直流系统（交直流）在我国电网中出现，目前，中国华东和华南已成为交直流系统，西电东送工程和特高压交直流电网的建设将使这些地区的直流落点个数继续增多，密集程度和输电规模世界罕见，目前，南方电网的 WAMS 系统已经建成，为了发挥多回直流调制以及 WAMS 系统的强大能力，研发新的更有力的交直流并联大电网阻尼控制技术、加强应对区域间低频振荡的能力，南方电网启动了"多回直流基于广域信息的自适应协调技术研究"项目。历时三年，世界上首个交直流广域阻尼控制系统—"多直流协调控制系统"已经在南方电网投入试运行，并且成功经历了首次闭环扰动试验的考验。

（四）交直流系统协调控制技术的关键技术与科学问题

1. 传统交直流协调控制技术的关键技术

交直流协调控制技术已取得了不少研究成果。然而就目前的研究和应用水平而言，还存在一些不足的地方。主要表现在以下几个方面：

第一，对于电力系统中各种控制器之间的协调研究，虽然已有关于 FACTS（Flexible

AC Transmission Systems，柔性交流输电）装置之间以及 FACTS 与 PSS（Power System Stabilizer，电力系统稳定器）同时协调的研究，然而其方法大多基于小干扰分析，要求系统的线性化。线性化方法不能很好地捕获系统复杂的动力学特性，特别是在严重故障期间。这就使在小干扰下可以提供期望性能的控制器在大扰动下不能保证良好的性能。

第二，现有的协调控制算法需要系统模型的精确表示，其控制量与系统参数密切相关，对于系统的参数不确定性以及运行方式的变化不具有广泛的适应性。因此，有必要研究对系统参数以及扰动不确定具有鲁棒性的协调控制算法。

第三，交直流混合互联电力系统是强非线性大系统，由于系统规模庞大，现有分散协调控制算法设计控制器时一般采用发电机与直流系统的简化模型，没有考虑发电机以及直流系统在故障中的复杂动态行为，这些未建模动态使得现有控制算法难以取得理想的控制效果。

第四，虽然现在对广域测量系统研究以及应用日趋深入，但困难在于和稳定控制系统结合导致对如何利用这一系统进行稳定控制的研究很少，而集中于利用这一系统对电力系统进行稳定分析和在线稳定评估。

第五，现有分散协调控制算法大都针对励磁系统与 FACTS 装置之间的协调，对直流系统之间的协调控制研究较少，对直流系统与励磁系统之间的协调控制研究也较少，而按照我国电力系统规划，我国将形成巨型交直流混合系统，有必要针对直流系统之间的协调以及直流系统与励磁系统或其他 FACTS 装置之间的协调进行研究。

2. 广域阻尼控制的若干关键技术

（1）广域控制反馈信号的选择

如何选择反馈信号是阻尼控制器设计的一个重要问题：在传统的发电机 PSS 设计中，反馈信号仅局限于本地的转速及功率等信号，单纯的信号选择问题并不突出。广域测量系统逐渐成熟后，可供选择的信号范围扩展到全系统的各种电气量，基于广域信息的反馈信号的选择已发展成一个新的问题。

近年来，国内外理论界在广域控制的选点和选信号也有了大量研究。模态的可控性、可观性，相对增益阵列（relativegainarray，RGA）以及 Hankel 奇异值（Hankel Singular Value，HSV）等理论都被用来作为选点和选信号的指标。

（2）广域时延的影响以及处理技术

广域控制是一种网络控制，广域通信网络的通信延迟是广域控制系统设计中必须考虑的问题研究表明，延时的引入会降低控制系统的阻尼效果，甚至引起系统的不稳定。除了众多研究已经指出的广域通信时延造成的相位偏移，时延还会在广域控制回路中引发高频振荡现象。

为解决广域控制系统的时延问题，理论界提出了很多方法，例如：LM1 和增益调度相结合的广域阻尼控制器设计方法；利用 Pade 近似将时滞项转化为有理多项式去掉时滞项的方法；利用 Smith 预测补偿延时的影响的方法。上述方法由于对精确数学模型的依赖而很难直接应用于大电网之中。因此，必须着重研究延时的在线测量和固定技术，通过在反馈信号以及输出指令中打入 GPS 时间标签等适当方法获得实时的广域时延，并通过适当增加延时的方法保证通道延时不稳定时广域控制系统输出的连续指令的平滑性；在控制器中针对广域时延引发的相位偏移应专门设置了相位补偿器；针对延时引起的高频振荡现象应专门设计滤波器，采用减小系统开环截止频率提高了系统的相位裕度，消除高频自发振荡现象。

（3）控制器参数的自适应调整、随着网络结构和系统运行点的变化

区间低频振荡的频率会发生改变，如果控制器不随之加以调整，则有可能导致控制效果的恶化。

（4）广域控制的实时数据处理技术

广域控制系统在数据的存储以及处理方面有极高的要求：来自数个乃至数十个 PMU（Power Mangement Unit，电源管理单元）的数据以高速上传至中央控制站，由于网络情况不同，这些数据达到的时间也不同；中央站需要实时处理这些数据、实时生成控制指令，并能够兼容较大的数据到达时间差。

（5）广域集中式控制系统运行技术以及多直流协调控制系统的软硬件实现

为保证协调控制系统的可靠运行，应开发一套系统的异常情况处理技术控制中央站应包括两层防误逻辑：第一层为冗余处理逻辑，当 PMU 所上传的广域反馈信号出现异常，中央控制站将切换到备用信号源；第二层为控制器闭锁逻辑，当电网或控制器或广域通信网出现重大异常时，控制中央站将停止下发指令，原有输出信号按一定速率归零。

3．交直流协调控制系统的科学问题

（1）换相失败

换相失败是直流输电系统最常见的特有故障之一，它将导致逆变器直流侧短路，使直流电压下降、直流电流增大，若采取的控制措施不当，还会引发后继换相失败，严重时会导致直流系统闭锁，中断功率传输。对于多馈入系统，由于各逆变站之间的电气距离较近，交直流系统中存在着复杂的相互作用，这给换相失败的研究带来重大影响，例如：交流系统发生故障后，是否会导致多个逆变站同时或相继发生换相失败；某一直流系统发生换相失败或闭锁故障后，是否会引发其他逆变站换相失败或闭锁；换相失败后各逆变站应按照怎样的次序才能最快恢复，恢复时间需要多久；换相失败后，直流系统和交流系统应采取怎样的控制措施才能最大限度地保证系统的安全稳定运行等。

（2）直流系统故障后恢复

在多馈入交直流混合电力系统中，对于交流系统而言，直流输电系统可被看作一个具有快速动态响应的负荷或功率源。交流系统故障切除后直流输电系统的快速恢复有助于缓解交流系统的功率不平衡，提高交流系统的稳定性但有时过快的直流功率恢复却又可能导致后继的换相失败和交流系统的电压失稳。

（3）多直流馈入对本地无功支持需求

多馈入直流输电系统中的交直流系统间的相互作用十分复杂，交流电力系统的功角稳定性及电压稳定性都与直流系统密切相关。由于直流系统控制系统的响应速度为毫秒级，

远高于交流系统的常规控制器，因此，当故障发生后，直流系统闭锁造成功率的迅速停送将会导致交流系统的动态性能恶化，由于多馈入直流系统的 AC/DC 和 DC/DC 系统的相互作用，使整个系统的暂态、中期和长期的动态特性、稳定分析和控制协调十分复杂，加之缺乏可借鉴的运行经验，使得多馈入直流电力系统面临以下无功问题：一是当某个直流系统故障或恢复过程中使得换流母线产生无功问题或电压波动时，是否会引起其他直流系统同时或相继产生无功问题，进而产生大停电事故。二是当某条交流母线发生故障时，是否会引起某个或某几个直流系统产生无功问题，进而引起电压稳定性问题导致电力灾变。三是若存在上述问题，采取何种无功补偿类型，其无功补偿的控制措施如何制定，以及如何调整直流控制器的控制策略，使得系统满足无功需求及其他稳定性问题的要求。

四、输变电系统无功电压控制技术

传统的无功电压控制技术虽然能够基本实现无功电压自动调节，但是调节范围往往过大，无法满足无功功率就地平衡的基本原则。而且无法解决无功补偿地点和补偿额度不正确的问题。同时，传统的无功电压控制装置具有分散分布性，它们没有集中控制和收集信息的装置，因此各个无功电压控制装置之间没有任何的信息交换和互动。

为了适应系能源的接入以及无功电压控制智能化的要求，建设智能化 AVC 系统成为当前的最新研究方向。智能化 AVC（Automatic Voltage Control，自动电压控制）系统与传统 AVC 系统的不同之处在于：①控制目标不同。传统 AVC 控制系统中有的偏重于使有功损耗最小，有的偏重于保证电压的稳定性，还有的考虑了若干个因素。而智能化 AVC 就是要充分考虑所有因素，结合智能寻优算法，实现全网全局最优化控制。②控制对象不同。传统 AVC 通过控制发电机的无功功率、变压器分接头和投切电容器来实现无功功率控制。而智能化 AVC 是在此基础上综合晶闸管控制串联补偿电容（TCSC）、静止无功功率补偿器（SVC）和其他灵活输电装置。智能 AVC 不仅能够快速有效地实现传统 AVC 无法实现的目标，而且还可以协调控制电网全局电压以及局部电压。

智能 AVC 的主要特点如下。

（一）建立自主分层的 AVC 系统

建立电厂侧、输电侧、配电侧和用户侧的分层控制体系。各层有自己的控制目标，同时相互协调。鉴于这种分层结构与多智能体系统（Multi-Agent System，MAS）的体系结构十分相似，应研究如何将多智能体技术应用在智能 AVC 的分层控制领域。建立符合未来电网发展需要的智能 AVC 分层控制模型。

（二）对电网的精细分析

由于电网本身的结构和运行方式在不断变化，所以该智能 AVC 系统应该能够自动感知电网发生的变化并做出相应的调整。以便获得当前电网的实时数据并选择最优的算法进行对电网的运行进行精细分析。

（三）智能控制

智能 AVC 应该能够综合各种控制目标，包括电压安全、稳定、电能质量和电网经济性，选择恰当的控制策略实现最优控制。还应该深入研究如何协调控制好各种灵活交流输电装置。

（四）用户互动

只有深入了解当前电网的运行情况以及用户的需求才能采用正确的控制策略对电网运行进行控制。故应建立友好的用户界面，实现用户、电网、智能 AVC 三者之前的灵活互动和协调。

（五）电压自愈

充分利用串联补偿器（TCSC）、静止无功功率补偿器（SVC）和其他灵活输电装置的快速响应特性，在电网电压跌落时，智能 AVC 系统应该迅速做出响应并维持电网电压的稳定性。

（六）与新型电源的兼容性

新型电源在电网中的接入变得越来越广泛了，但是由于这些可再生能源控制的复杂性和不确定性，它们的接入会对电网电能质量产生重大的影响、智能 AVC 的重要特点之一就是要解决好新型能源的接入问题，同时保证电网电压的稳定性。

五、一体化智能电网调度与控制系统

（一）基于 MAS 的分布协调/自适应控制

当前计算机科学发展的一个显著趋势就是计算范型从以算法为中心转移到以交互为中心。智能 Agent 技术就是这一潮流之下的产物，Agent 是一类智能度高、具有一定自主的理性行为的实体，多 Agent 系统（Multi-Agent System，MAS）就是由这样一组彼此间存在着协调、协作或竞争关系的 Agent 组成的系统。MAS 系统试图用 Agent 来模拟人的理性行为，通过描述 Agent 之间理性交互而不是事先给定的算法来刻画一个系统。智能 A-gent 是一种技术，但更重要的是一种方法论，它为大规模、分布式和具有适应性的复杂系统的实现提供了一种全新的途径，比如电力系统、智能机器人、电子商务、分布式信息获取、过程控制、智能人机交互、个人助理等。MAS 系统具有很强的伸缩性，而且允许遗留系统之间实现互联和互操作，从而可以最大限度地保护用户资源。目前，MAS 系统是人工智能领域非常活跃的研究方向，并且在广泛的领域具有非常高的应用前景。

相对基于 SCADA、客户/服务器的分布式控制与自动化系统以及基于 SOA（Service-Oriented Architecture，面向服务的架构）的应用系统，基于 Agent 的系统具有很多的优点。系统的每一个功能或者任务（比如每一个 1ED 的管理），可以封装为一个独立的 Agent，从而使系统高度模块化。Agent 之间是一种松散的组合，它们之间通信是通过消息的传递而不是通过程序的调用（本地或远程）；同时，由于采用目录服务机制，通过添加新的 Agent，系统很容易增加新的功能，而且这些功能可以被其他 Agent 所用。对于那些本来就具有分布式结构的控制与自动化系统（如电力系统、过程控制等），特别适合采用多 Agent 系统体系结构较之传统的控制系统，这种基于 Agent 的系统可以使系统的每一个成员具有更大的自治性。MAS 的分布协调理念可广泛应用于各级 EMS、DMS、厂站自动化系统之间的分布协调控制。

（二）快速仿真决策技术

基于事件响应的快速仿真决策，既不同于传统预防性控制的静态安全分析和安全对策，也较基于 PMU 的广域测量系统所组成的动态安全评估（Dynamic Security Assessment，DSA）有所发展，主要增加故障发展快速仿真的实时预测功能，为调度员提供紧急状态下的决策支持快速仿真与模拟（Fast Simulation and Modeling，FSM）是含风险评估、自愈控制与优化的高级软件系统（包括广义的 EMS、DMS 等功能）。它为智能电网提供数学支持和预测能力（而不只是对紧急情况做出反应的能力），以期达到改善电网的稳定性、安全性、可靠性和运行效率的目的。从目前的发展趋势来看，基于 Agent 的快速仿真决策是未来发展的重要方向。

（三）节能调度关键技术

节能发电调度技术是建设一体化智能电网调度与控制系统的关键技术之一，节能发电调度技术能够满足当前国家提出的节能发电调度的要求，根据负荷需求和节能要求，在确保电网安全稳定运行的前提下，通过先进的调度技术，优化发电方式，减少化石类燃料的耗用，确保节能减排目标任务的实现，促进社会经济又好又快发展。

目前，节能调度技术的研究掌握了以节能减排为目标的调度计划理论和算法，在母线负荷预测、安全约束机组组合、安全约束经济调度、多层次安全校核等关键技术方面进行了大量的实践与探索。

（四）一体化模型管理功能开发

通过一体化模型管理技术的研究，为一体化智能电网调度与控制系统的分析和决策类应用提供完整、一致、准确、及时、可靠的一体化模型与数据基础。解决因模型不完整而导致的稳态、动态、暂态分析预警结果不正确的问题，基于模型拼接技术，实现电网模、阁、数在上下级调度间的"源端维护、全网共享"，满足调度中心基于全电网模型的分析、计算、预警和辅助决策以及智能调度等新型业务需要。

（五）海量信息处理技术

海量数据处理技术为一体化智能电网调度与控制系统的应用功能提供了数据基础。目前，已经研制出了具有自主知识产权的时间序列数据库，解决了海量电网稳态、动态数据的连续存储和大规模数据读取时的速度瓶颈问题该技术在设计中充分利用了计算机系统尤其是多 CPU、多核的能力，因此其处理效率非常高，为一体化智能电网调度与控制系统提供更加安全可靠的连续高强度数据存储解决方案。

（六）智能可视化技术

智能可视化技术实现了可视化技术从电网运行信息展示层面向电网分析结果和电网辅助决策结果可视化层面的飞跃，在传统被动式二维图形监视模式中，电网越限、事故信息往往通过告警和事故推画面等方式进行展现，调度员基于厂站图、地理接线图、表格、告警窗等方式进行电网监视，信息源零散，监视方式被动，无辅助决策，容易延误事故处理时机。

在智能可视化模式中，已经构建了智能可视化支撑平台，实现了电网监视、分析、预警、辅助决策的可视化，颠覆了传统的监视模式。实现了事故前电网全方位薄弱环节的可视化预警及预案，研究事故中的可视化故障定位，直观提醒事故的发生；研究事故后的可视化事故恢复方案，涵盖了调度员值班全过程的人机界面可视化。

（七）极端外部灾害下的调度防御技术

研究外部灾害信息的接入、建模、可视化展现、分析、仿真、预警和协调防御方法。通过预测信息，可以提前感知外部灾害信息，针对有可能发生的电网故障提前做出预案，在灾害面前化被动为主动，极大增强智能电网抗击外部灾害风险的能力。在极端外部灾害情况下，通过全局优化整定的控制策略和分布式控制装置，实施有序的主动减载、切机、解列等手段，避免电网无序崩溃，保障重要负荷供电，减小停电范围，并为电网后续的恢复控制、黑启动提供条件和执行策略。同时研究极端外部灾害下电网群发性相继故障风险预警与评估技术、电网安全预防控制和应急控制辅助决策技术等。

（八）大电网智能运行控制

大电网智能运行控制技术的目标是建成智能电网安全防御系统，将通过广域、迅捷、同步、精确的量测感知，自适应智能决策，基于决策指令和应对动态响应相协调的控制执行，形成具备自我感知、自我诊断、自我预防、自我愈合的大电网智能安全控制能力，需要推进 WAMS 的应用及 PMU 在主要变电站和电厂的普及，实现全网的实时可观测；进一步研究大电网智能运行控制技术，实现电网正常运行状态下的优化调度经济运行，并通过提高输电容量，降低电网运行成本，实现电网运行、维护、建设的节能增效；实现电网警戒状态下对故障隐患及时发现、诊断和消除，避免事故发生，降低电网运行风险；实现电网故障状态下通过及时告警、提供辅助决策方案，避免系统偶发故障扩大，减小事故影响和损失。进一步通过故障隔离、清除，实施优化控制，平息事故，避免大停电事故的发生。

（九）一体化调度

1. 一体化调度计划运作平台

通过一体化调度计划运作平台研究，实现智能电网和大型可再生能源及分布式电源并网的安全、节能和经济运行，为大电网安全稳定运行和实现资源优化配置与节能减排提供坚强技术支撑。

一体化调度计划运作平台研究以节能减排为目标的安全经济一体化调度计划优化模型和算法；研究满足多时段能量计划与辅助服务计划一体化优化模型和算法；研究多层次安全校核模型和算法；研究先进实用的调度计划评估分析理论和技术；研究日前、日内、实时多周期多目标调度计划间的协调优化技术，以及与自动发电控制系统间的协调运作理论和技术；开发先进、实用、可扩展、易维护的调度计划应用平台。

2. 一体化调度管理

一体化调度管理着重体现智能电网的高效，它涉及调度中心的规范化和专业化管理、精益化和指标化管理以及调度中心的纵向贯通，是调度中心对外提供各类功能和数据服务的窗口。需要更好地适应特高压、特大电网发展的新需要，改变现行互联网阶段调度管理模式的管理层级多、业务差异大、发展不平衡等现象，通过技术创新和管理创新，改变目前分区分省独立控制格局，实现全国互联电网统一管理和协调控制。

第四节　基于广域信息的快速自愈控制技术

为了保证电网稳定，防止系统崩溃，我国普遍配置了防御严重故障的三道防线。第一道防线确保电网发生常见简单故障时保持电网稳定运行和电网正常供电（继电保护）；第二道防线确保电网在发生概率较低的严重故障时能继续保持稳定运行（安全稳定装置）；第三道防线是在极端严重故障情况下，保证不致系统崩溃和发生大停电（紧急控制）。但是，上述三道防线并未涉及电网故障及恢复过程中，区域孤网的稳定控制与快速再并网问题（属于电网自愈技术的范畴）。电网发生故障后，区域电网与主网解列，如何保证区域电网自身的安全稳定、尽可能减少负荷损失、缩短并网时间，是区域电网快速自愈控制技术亟待解决的问题。

一、电网自愈控制技术的现状

孤网稳定控制技术和备用电源自投（以下简称"备自投"）技术是电网自愈技术的两个重要手段。稳定控制策略不但可以尽量减少负荷损失，而且能够使得包含本地电源的孤网迅速满足同期条件。备自投技术可实现变电站孤网后的重新并网，在 220kV 及以下等级的电网中获得广泛应用然而，现有的孤网稳定控制技术和备用电源自投技术存在许多短板，特别是在包含众多本地电源的区域电网中，这种不足导致区域电网故障后，需要很长时间才能重新联上主网。

目前，在备用电源自投装置的应用场合中，要求必须具有备用电源和处于热备用状态的备用断路器当失去主供电源时，备自投装置首先跳开原主供电源的断路器，合上备用电源的断路器，实现备用电源的快速自动入，恢复变电站供电。但是，在区域电网中某些断路器开环运行时，往往只有少数几个变电站在本站存在开环点，大部分变电站在本站范围内并不存在备用断路器，若仅使用常规的备用电源自投技术，常规备自投无法发挥作用，这样导致除了开环点所在变电站，其他各站即使装设常规备自投装置也不能工作，达不到快速恢复供电，提高供电可靠性的目的。虽然目前也可以通过远方命令，控制联络线相互备用的两个变电站断路器，实现远方备自投，但这仅限于两个变电站的范围，缺乏多个变电站的信息，无法为区域电网提供全面的自愈策略。还有一种嵌入在 EMS（Energy Management System，电能管理系统）系统中的区域备自投技术，可以掌握区域电网状态，实现区域备自投，但装置之间数据传输延时大，恢复供电需要的时间偏长，可能需要数分钟或更长时间。

另外，在众多小电源大量上网的区域电网内，现有的稳定控制策略无法满足备自投快速动作的需求。备自投技术一般都采用检无压合闸的方式，当主供电源失去后，要求母线电压必须降到无压定值以下才能进行合闸。若存在小电源，特别是众多小电源大量上网时，在不同运行方式下发生故障导致形成局部孤网后的功率不平衡量差别较大，导致孤网频率变化也较大。在小电源的支撑下，即使失去主供电源，母线电压还可以维持一段时间，只能等到小电源被拖垮之后才能合闸，这导致备用电源切换时间过长，不能达到快速恢复供电的目的，为提高重合闸的成功率，或提高捡同期合备用电源的成功率，应对故障后的局部孤网采取功率平衡的控制措施，以控制孤网频率的波动范围。

现有保护、稳控系统和备自投是相互独立的，保护、稳控系统和备自投需要经过长时间的配合，才能实现电网故障之后再并网稳控系统需要借助保护装置的动作信号来判断电网故障。为防止稳控系统误启动，保护装置动作信号经过抗干扰处理才能开人稳控系统，这样会导致稳控系统的动作时间延长，稳控装置也无法和备自投装置协调配合。对于负荷比较重的地区，电源线故障后若不采取控制措施，可能导致备自投动作后备用电源线过负荷；对于有本地电源的区域电网，若该地区与系统的联络线故障，可能导致检同期重合的条件不能满足，检无压重合的条件也必须等本地机组全部被切除后才可能满足。因此，若保护、稳控和备自投集成到同一个系统内，则可实现信号的无缝连接，缩短电网自愈时间。

二、基于广域信息的孤网稳定控制策略

实时监视地区电网的运行状态，当电网发生故障导致某一区域被孤立后根据故障前区域电网与主网交换功率采取快速精确切机或切负荷的控制措施，实现孤网稳定控制策略

（一）孤网运行

所谓孤网稳定运行是指当电网中的一部分与主电网断开连接后，可以由个别 DG（Distributed Generation，分布式电源）供电形成一个以一定频率和电压稳定运行的独立系统孤网稳定运行的前提是大电网由于设备故障或维修导致与区域电网断开时，孤网内部功率平衡，即满足孤网内部电压和频率在标准的范围内，可以持续稳定运行。

当区域电网与大电网断开时，此时为孤网运行状态。孤网产生有以下几个原因：一是电压、频率等电气量超越国家规定的标准范围；二是并网线路的故障；三是接电线连接不恰当；四是电网振荡失步按照孤网稳定运行前是否对孤网划分进行提前的规划，可以将孤网运行状态分为计划孤网运行和非计划孤网运行两类。

1. 计划孤网运行

计划孤网运行，就是选择合适的解列点使被划分的孤网达到内部功率平衡，充分地利用 DG 的调节能力，保证了孤网在经过合理划分后，能够继续维持向区域内负荷供电，提高供电可靠性。

2. 非计划孤网运行

该运行方式是当区域电网与大电网断开连接后，由于跳闸的选择和动作具有偶然性和不确定性，因此不确定形成的孤网中所含的 DG 容量和负荷容量，没有提前进行规划孤网形成状态。这种方式形成的孤网能否稳定运行是不确定的。

（二）电网转孤网运行状态监测

非计划孤网运行的随机性和不确定性会给电力系统的安全稳定运行带来很多的问题，主要如下：①大电网因故障或检修与区域电网断开，当 DG 所提供的功率小于本地负载所需功率时，为了使内部功率平衡，可以发挥 DG 的调节能力，也可以减负荷运行。但一旦超过 DG 的调节能力，这种调节会损坏电气设备。同时，由于大电网的断开，使得区域电网的电压、频率失去大电网的钳制作用，有可能导致超越标准工作范围而产生较大的谐波，降低电能质量，甚至损坏负载。②在孤网与并网互相切换时，如果恢复供电，区域电网与大电网可能处于非同步并列运行状态，这样会对电气设备造成损害。对于检无压和检同期的重合闸操作，非同步状态会造成重合闸失败，导致停电。③一旦电网脱离主电网孤网运行，短路电流故障水平会明显下降，这样就使得与电网并联的 DG 断路器的继电保护装置无法动作。由此可见，能够有效、快速、准确的检测出孤网状态对区域电网的安全可靠运行有重要的意义。

目前，电网转孤网运行的检测方法可以分为两类：远程检测法和本地检测法。

1. 远程检测法

远程检测法主要目的是判别断路器的通断状态，其主要是基于现代通信技术来检测。安装信号接收器接收电网侧发来的载波信号，通过所接收的信号来判断孤网是否发生，从而完成孤网检测、这种方法是孤网检测中最直接的方法，其优点是检测准确度高、可靠性好、无非检测盲区；DG 的类型与此法的检测效果没有关系，对电网也无干扰信号，因此它是非常可靠的孤网检测方法。远程检测法也存在一些缺点：需要增加多种设备，成本较高、故障率增大、操作复杂。

2. 本地检测法

在所有孤网检测方法中，应用频率的变化来判断孤网的发生是最常用的方法之一。当区域电网与主电网并网运行时，由于大电网的钳制作用，区域电网的频率与主电网的频率一致，基本维持在 50Hz。当孤网发生后，由于区域电网的有功功率或无功功率发生了变化，将导致微电网的频率发生改变。过/欠频率检测法作为孤网检测法的最初尝试，此方法不需要增加任何多余的检测设备，只要根据电网的本身参数特性进行检测，对电网的电能质量没有影响，检测方法简单，在现实中一般都有应用，但是这种方法会连同一种主动检测法同时使用，作为辅助的方法，当孤网发生时，电网的频率由正常值 50Hz 下降或上升到孤网检测所设定的检测阈值时，并不会马上下降或上升到并且超过检测阈值，它需要经过一段时间才能达到，因此这种方法检测时间较长。另外，由前面的分析可知，当区域电网的容量与负载的容量相差不大时，孤网发生后，频率的变化不会超过检测阈值，产生了检测盲区，导致孤网检测失败。作为电网的另一个参数，电压也是常用孤网检测方法所要测量的物理量。其检测原理与检测效果与频率检测法相类似。

总之，本地检测法中的电压/频率检测法是最基本的检测方法，它们非常经济，方法简单，运算量少，对电网的影响小。但是，这种方法耗时较长，且存在着很大的检测盲区，这在孤网检测中是不允许的。因此本地电压/频率检测法常作为辅助方法，与远程断路器监测法一起使用。

(三) 孤网稳定控制策略

区域电网形成孤网以后，频率和电压是影响孤网能否稳定运行的两大因素。如何通过调节有功功率和无功功率平衡，实现频率和电压稳定，是孤网稳定运行的关键。

1. 频率稳定控制

有功功率的平衡是影响孤网频率稳定的最重要因素。由于各地区电网的发电机出力与负荷随着季节的变化波动可能很大，在不同运行方式下发生故障导致形成孤网，功率不平衡量差别较大，频率变化可能较大。为提高重合闸的成功率，或提高检同期合备用电源的成功率，应对故障后的孤网采取功率平衡的控制措施，以控制孤网频率的波动范围。根据区域电网各线路的投停、故障状态及功率平衡原理判断孤网事故、孤网后的低频、过频状态采取相应的控制措施。

2. 电压稳定控制

区域电网受到大的扰动后，形成孤网，在极短时间内可能导致电压崩溃。因此，需要布置合理和充足的紧急无功补偿设备，保持正常运行和事故后的孤网电压处于正常水平。通常防止电压崩溃的主要调压措施有：控制发电机端电压和无功出力；调节有载调压变压器；低电压切负荷；配备无功电源。

在中低压区域电网内，小水电都是固定励磁输出，一般不具备调压功能，区域电网形成孤网后，无法对系统电压起到支撑作用，不能有效对系统电压进行紧急控制。

有载调压变压器只是通过变压器接头的调整改变变压器两侧的电压状况和电网中无功功率的分布，能起到调控电压的作用，但其本身并不能当作电源来供应无功功率，甚至会消耗电网中的部分无功功率。

并联电容器投资低，损耗低，可以满足无功补偿的需求，但当电压下降时电容器所能补偿的无功功率值与电网电压的平方成正比，因此当系统无功严重不足导致电压下降时，其能发挥的作用也越小。

并联电抗器常安装于超高压长距离线路中，由于长线路高电压会使线路电容过大，造成空低负荷时线路末端电压高于首端电压，因此用于抵消线路过大的电容。而在超高负荷的系统中，过多的电抗器也会对系统造成一定的影响，需要控制其数目。

低电压切负荷相对其他控制措施来说，是保持电压稳定性的一种简单有效的控制对策，但可能导致严重的后果，降低了用户供电可靠性，不满足电力市场的要求。

STATCOM 是一种更为先进的新型静止型无功补偿装置，其无功输出能力与电压成正比，能在系统电压跌落的情况下，迅速输出无功维持电网电压水平。其基本原理是利用大功率电力电子器件组成的逆变电路将直流侧电容电压逆变成交流电压，经电抗器与电网相连，通过调节逆变电路交流侧输出电压的幅值和相位，或者直接控制其交流侧输出电流，可以使该电路吸收或者发出满足需要的无功，实现无功补偿的目的。STATCOM 响应时间快，暂态特性较好，可以迅速改变无功电流方向和大小，因此具有很大的动态调节范围，可以发出连续可调的感性无功和容性无功。另外，STATCOM 提供的无功容量受电网电压频率的影响很小，可以看作一个并入电网的等效电压源，它能输出的无功功率只受自身器件的限制，与电网的电压水平关系不大。

区域电网一般装设有多个 STATCOM 补偿器，在形成孤网后，需要对这些无功补偿器进行协调控制，使得各个补偿器能够根据需要和各自能力发出相应的无功功率，以支持系统电压。

现在变电站一般都装配了自动化监测系统，可以独立自动完成信号的采集、输入和输出的各项功能，同时也可以对变压器和其他无功控制装置进行开关控制。通过自动化监控系统，可以下发指令，改变 STATCOM 的运行模式和控制目标，进而实现无功补偿的目的。这样的实现方式简单有效，但需要通过通信实现信息交互，由于 STATCOM 响应速度极快，对通信速度和可靠性提出较高要求，可能未收到运行指令，即进入无功输出极限状态，这种无功协调方法在实际工程中较难实现。

在许多实际应用中，允许 STATCOM 输出端电压随着输出电流成一定比例的变化，即 STATCOM 的输出无功根据系统电压的变化采用斜率控制。STATCOM 的斜率是其重要的控制参数，斜率的存在能够牺牲很小的电压调节换取额定无功功率的大大减小，还可以防止系统发生较小电压波动时，STATCOM 频繁运行于极限状态。区域电网形成孤网后，可以对各个 STATCOM 设置合理的斜率，使得各个 STATCOM 在无通信情况下实现无功输出的合理分配，共同分担电网的无功需求，避免 STATCOM 间出力处于互补状态，使得区域电网形成孤网后，系统电压得到有效支撑。

三、广域备自投技术与长延时重合闸技术

（一）广域备自投技术

经济的发展对电力需求越来越旺盛，电网规模不断扩大，电网结构日趋复杂，供电可靠性的要求也越来越高。目前，在国内广泛应用的备用电源自动投入装置在电力系统故障或其他原因使电网主供电源断开时，能够迅速断开原工作电源，将备用电源自动投入工作，及时恢复对用户的供电，提高供电可靠性，减少供电损失，保证电网安全稳定运行。常规的变电站内微机型备自投装置一般只能采集本站内的相关设备的开关量、电压、电流等信息，当相关信息满足预定的逻辑时，备自投装置实现充电或放电功能，当工作电源发生故障时，实现备用电源自动投入的功能、但当电网运行方式发生变化时，原有的逻辑将失效，致使备自投失去作用，因此这种备自投只能够实现就地的控制策略，且因正常接入的电气量有限，往往考虑的功能比较单一，更无法实现远方备用电源的自动投入的功能。简单来说有以下几个基本的缺点：①未考虑备自投动作时对广域电网的影响，有可能导致备用电源过负荷。②难以与安全自动控制装置配合。③地方小电源可能对其动作产生影响。④110kV 链式电网接线中，工作电源和备用电源不在同一变电站，这种情况下，常规备自投完全没有办法。

因此，有必要实现广域备自投功能，即建立基于广域信息的备自投系统，以保证电网持续可靠供电，降低供电损失，提高效率，适应当前智能电网的发展。

基于"广域实时采样、实时交换数据、实时判别、实时控制"的思路来实现广域备自投的功能。基于网络拓扑，对区域信息进行配置，通过接收区域信息，进行综合逻辑判断，实现故障定位、执行故障隔离方案，快速合上备用电源供电。这样可解决基于调度自动化的备用电源自投系统的实时性相对较差、数据发生时刻的时序关系不准确等问题，从而能使电网快速准确地恢复供电。

按照分层控制的原则来配置广域备自投系统，选择其中一个变电站设置主站，由主站完成广域备自投的控制策略，在每个变电站设置子站，各子站向主站上送所需的状态信息，并执行主站下发的跳合闸命令，同时可实现合闸的检同期或者检无压条件判别。

子站装置将本站由线路电流转化成的有流标志位、由线路电压转化成的线路有压标志位、母线电压转换成的电压标志位、区域保护重合闸失败信号、断路器位置信号等输出给区域控制主站装置。主站装置根据这些状态标志位，判断系统运行正常并符合预设方式时，完成广域备自投充电准备当区域电网出现孤网或者局部孤网并且重合闸失败时，广域备自投进行逻辑判定，确定是区域电网主供电源失去还是线路故障或是母线故障，在此基础上进行区域备自投、远方备自投、启动站域备自投、还是闭锁备投等逻辑的选择。满足动作条件时，区域备自投先隔离故障，再合上备用电源断路器，为失电的变电站恢复供电。

主站装置下发跳合闸命令信号给子站装置，由子站装置实际执行，完成以上控制。子站在执行合闸命令时，若失电站母线已经无压，则进行检无压合闸；若失电站由于小电源支撑维持有压，则进行检同期合闸。

广域备用电源自投控制系统（简称广域备自投）是基于广域信息，综合判断失电母线（失电区域），智能判断最优备自投策略，发出控制序列命令，断开故障电源，投入其他正常工作电源，实现供电自动恢复，提高供电的可靠性的一套广域智能恢复系统（Smart Restoration System，SRS）。

广域备自投分为充电、启动、失压跳、合闸4个过程，其原理简述如下：①广域备自投的初始状态为已放电状态。系统在上述流程中发生任何意外均会直接放电跳转到已放电状态。②充电过程一般需要15s（可整定）的电网稳态，广域备岛投会记录充电满时的电网状态为基础态。特别要注意的是：基础态时断路器位置为分闸的断路器，除非有其他闭锁条件，都被认为是可以合闸的备用电源断路器。基础态已失电的母线被定义为停运母线，广域备自投不会尝试向其恢复供电。③启动过程是由跳闸和母线失电来触发的一个过程。至少一段母线失压并且至少一个断路器变位时，广域备自投才会启动。④失压跳过程位于启动过程之后，主要用来确保失电母线与所有潜在电源均可靠隔离，为后续的合闸过程做好准备。⑤合闸过程是指从有效电源出发对所有失电母线依次恢复供电的过程。为避免合闸于故障，在启动过程中新跳开的断路器不合闸。

基于同步向量测量装置（PMU）的广域备用电源自动投入装置具有较明显的优势：①与就地备自投相比较：广域备自投系统不是应用于单个变电站，而是综合目标区域电网的多个变电站信息，智能做出备自投方案并予以实施。与就地备自投相比，广域备自投系统具有更加智能化、运行方式灵活、适应性强等优点。更重要的是，通过综合目标电网的多点信息，广域备自投系统可以实现多变电站备自投功能的相互配合，避免非预期的电磁合环的问题。另外，若目标区域电网中存在分布式小电源，为避免非同期合闸冲击损坏小电源，广域备自投还具有故障解列小电源的功能（包括与备投点不在同一变电站的小电源）。②与基于安全稳定控制系统的区域备自投相比较：现有的安全稳定控制系统，均是基于策略表形式而制定的，在特定情况下能完成备自投功能。但是这种备自投装置只能针对特定的系统和运行方式，不能自适应运行方式的变化，不能适应网架结构的变化，而且采集的信息量有限，可能会发生断路器合闸至故障点或者造成电磁合环。而基于同步向量测量装置的广域备用电源自动投入装置信息量广，可以自动识别运行方式，实现智能恢复供电，且不会造成合闸于故障点和电磁合环等问题。③与基于 EMS 的网络备自投相比较：基于 EMS 的网络备自投在广域信息取得上有了一定的进步，但是 EMS 的数据存在着刷新时间较长，数据不同步，数据质量不可靠等问题。而同步向量测量装置的广域备用电源自动投入装置，采用全球卫星定位系统 GPS 对时，保证了数据时间的全网一致。数据刷新时间能达到 5ms 一次，刷新速度快。

（二）长延时重合闸技术

保持稳定运行是电力系统中最主要的任务之一，系统稳定的破坏通常是由系统中各种各样的故障引起电力系统的一个显著特点是地域分布广，尤其是输配电线路，分布在极为广阔的地区，这就决定了电力系统中不可避免地会经常发生各种人为的或自然的故障，其中输配电线路的故障占了很大的部分。本节主要讨论输电线路在故障后的重合闸时间整定问题，对于线路上可能发生的各种故障，都必须有相应的处理措施，这是维持系统稳定运行的根本保证在系统发生故障后，首先应该采取的技术措施无疑是快速切除故障，只有充分发挥了快速切除故障的潜力后再采取其他措施才是合理的。重合闸的时间对重合后系统的稳定性有显著的影响，采用快速重合闸在大多数情况下不利于系统的稳定作为系统中普遍采用的一种控制措施，合理整定重合闸的时间具有实际的意义。

当片区电网与主网因联络线故障而解列时，解网后孤立系统自身的调节能力与抗故障冲击能力很弱。广域控制保护主站通过稳控系统以及区域备自投功能，快速实现该片区电网的负荷平衡以及频率稳定。传统线路保护由于重合闸开放时间较短，当稳控系统通过调节使得片区电网负荷平衡、频率稳定后，虽然片区电网与主网已可以同期并网，恢复主网正常运行架构，但由于重合闸开放时间很可能已经结束，导致无法正常并网、通过对原线路保护重合闸功能进行改进，将重合闸整定延时（躲开去游离时间）和判别同期角差的确认延时分开（后者无须太长，建议 200~300ms），根据实际系统需求来设置重合闸开放时间，改进后将重合闸开放时间设为定值，范围为 0~10min（同 110kV 线路保护一致），其他逻辑保持不变 3 尽最大可能实现片区电网和主网的同期并网，从而恢复正常运行的主网架构，提高供电可靠性和稳定性。

将原就地线路保护中"重合闸时间"定值拆分为"重合闸延时"和"重合闸检定延时"两个定值（"重合闸延时"按照躲开去游离时间整定，"重合闸检定延时"作为检定条件的确认延时，无须太长），以提高重合闸的成功率。

第五节 基于广域信息的快速后备保护技术

随着智能电网发展战略的实施，我国电网已经形成若干个世界上屈指可数的大规模复杂互联电网，特别是特高压交直流混合联网、同塔多回、柔性交流输电以及可再生能源发电的接入等新技术的应用，造成电网结构及其运行方式日趋复杂，由此对继电保护提出了新的挑战。近年来，世界上发生的多次大停电事故让人们认识到，现有主要基于本地和有限远方信息的继电保护技术不能很好地满足智能电网发展的需求，其主要问题包括以下几方面：

第一，传统后备保护的整定配合基于固定的运行方式，整定配合困难，动作速度慢，且缺乏自适应应变能力。当电网的网架结构及运行方式因故发生频繁和大幅改变时，易导致后备保护动作特性失配，可能造成误动或事故扩大。

第二，在电网发生大负荷潮流转移过程中可能引起线路后备保护非预期连锁跳闸，导致电网事故扩大甚至引发大面积停电故事。

第三，继电保护的动作依赖于保护电源和操作电源的供应，在变电站失电等极端情况下，保护会拒动或者长延时切除故障，可能引发电网局部灾难。

一、基于广域信息的电流差动保护技术

为了满足选择性、速动性、灵敏性和可靠性要求，继电保护系统由主保护和后备保护构成。主保护用于快速切除故障元件（线路）的故障，后备保护是在主保护或者断路器拒动时承担保护功能。对于超高压输电线路，我国通常要求按完全双重化的原则配置保护系统，在每一套保护系统中，采用纵联保护作为主保护，可以快速切除线路全长范围内的故障；采用距离保护和零序电流保护作为后备保护，除了在主保护或者断路器拒动时发挥其后备保护作用外，还可以实现高阻接地故障的灵敏切除。光纤纵联电流差动保护是纵联保护的一种，也是我国输电线路目前普遍采用的主保护形式，光纤纵联电流差动保护通过光纤通道获取线路两侧的信息，实现线路全长范围内故障快速、可靠的切除。而作为后备保护的距离保护是基于就地信息实现的，需要通过定时限阶梯延时整定配合的方法实现各级线路的后备保护功能的协调。随着电网的发展，基于就地信息的后备保护暴露出日趋严重的诸多问题，如保护配合复杂、动作延时长、整定难度大，无法适应系统运行方式变化，难以兼顾保护选择性、灵敏性和快速性的要求，特别是在电网发生大负荷潮流转移过程中有可能引起相关线路后备保护的连锁跳闸，导致电网事故扩大甚至大面积停电事故。

随着广域信息测量技术的发展，继电保护可以获得更为丰富的就地和远方信息资源，为改进传统继电保护性能、克服上述问题，提供了良好的契机与有力的支持。近年来，基于广域信息的后备保护研究备受关注，人们提出了许多各有特点的实现方法，这些方法可以实现故障元件的判别，以便快速故障隔离；或者可以简化整定配合，加快后备保护动作

速度；或者通过采用智能化方法，提高保护对复杂工况的自适应性。

（一）纵联电流差动保护

1．通信通道

通信通道是纵联保护的必要条件，由它传递线路两端的测量信息，纵联保护常用的通道类型主要有以下几种。

（1）导引线通道

这种通道需要铺设导引线电缆传送电气量信息，其投资随线路长度而增加，当线路较长（超过 10km 以上）时就不经济了。导引线越长，自身的运行安全性越低。在中性点接地系统中，除了雷击外，在接地故障时地中电流会引起地电位升高，也会产生感应电压，所以导引线的电缆必须有足够的绝缘水平（如 15kV 的绝缘水平），从而使投资增大。一般导引线中直接传输交流二次电量波形，故导引线保护广泛使用差动保护原理，但导引线的参数（电阻和分布电容）直接影响保护性能，从而在技术上也限制了导引线保护在较长线路中的应用。

（2）电力线载波通道

这种通道在保护中应用最为广泛，不需要专门架设通信通道，而是利用输电线路构成通道。载波通道由输电线路及其信息加工和连接设备（阻波器、结合电容器及高频收发信机）等组成，输电线路机械强度大，运行安全可靠。但是在线路发生故障时通道可能遭到破坏，为此载波保护应采用在本线路故障、信号中断的情况下仍能正确动作的技术。

（3）微波通道

微波通道是一种多路通信通道，具有很宽的频带，可以传送交流电的波形。采用脉冲编码调制（PCM）方式后微波通道可以进一步扩大信息传输量，提高抗干扰能力，也更适合于数字式保护。微波通道是理想的通道，但是保护专用微波通道及设备是不经济的，电力信息系统等在设计时应兼顾继电保护的需要。

（4）光纤通道

光纤通道与微波通道具有相同的优点，也广泛应用于脉冲编码调制方式。保护使用的光纤通道一般与电力系统统一考虑。当被保护的线路很短时，可架设专门的光缆通道直接将电信号转换成光信号送到对侧，并将所接收的光信号变成电信号进行比较。由于光信号不受干扰，在经济上也可以与导引线通道竞争，因此近年来光纤通道成为短线路纵联保护的主要通道形式。我国现有各种类型的输电线路中普遍采用光纤作为纵联保护的通信通道，本书所提的保护通道若无特别说明，均指光纤通信通道。

2．电流的同步测量

对于电流差动保护，最重要的问题之一是需要比较被保护设备两侧"同时刻"的电流。微机保护需要对模拟量进行采样获得离散的数据序列，需要保持两侧电流采样数据的同步性。对于很短的线路，线路两侧电流可以由同一个保护装置（如短引线通道）采集，易于由保护装置在其内部实现数据的同步采集。当线路较长时，两侧电流需要用不同的装置分别采集，就存在数据采集的同步问题。

（1）基于数据通道的同步方法

基于数据通道的同步方法包括采样数据修正法、采样时刻调整法和时钟校正法，尤以采样时刻调整法应用较多。这些方法都是建立在用通道传送用于同步处理的各种时间信息的基础之上。

基于数据通道的采样时刻调整法，主站采样保持相对独立，其从站根据主站采样时刻进行实时调整实验证明，当稳定调节系数 2^n，选取适当值时，两侧采样能稳定同步，两侧不同步的平均相对误差小于 5%。为保证两侧时钟的经常一致和采样时刻实时一致，两侧需要不断地（一定数量的采样间隔）校时和采样同步（取决于两侧晶振体的频差），增加通信的数据量。

（2）基于 GPS 同步时钟的同步方法

全球定位系统 GPS 是美国全面建成的新一代卫星导航和定位系统，由 24 颗卫星组成，具有全球覆盖、全天候工作、24h 连续实时地为地面上无限个用户提供高精度位置和时间信息的能力。GPS 传递的事件能在全球范围内与国际标准时钟（UTC）保持高精度同步。

（二）广域电流差动保护

随着通信、计算机和自动化等各个学科的发展，新一代的广域继电保护技术正在形成。以 PTN 通信技术为基础的广域智能控制保护系统实现区域内各个节点电流向量及开关量的同步采集，且时间误差能达到亚微秒级，这为广域保护提供了同步采集区域电网多个节点信息的手段。利用电力系统多点的信息，广域电流差动保护可以对故障进行快速、可靠、精确的切除。

1．广域电流差动保护的基本原理

广域电流差动保护原理和常规保护基本一样，也是满足基尔霍夫电流定律，不同之处在于常规电流差动保护的保护对象是单个电气元件，而广域电流差动保护的保护对象是一个区域（包括单个电气元件）。它将某个区域的电流均接入差动继电器，通过该区域的差流来识别故障在区域内还是区域外，从而实现后备保护的功能。广域差动保护既可以作为故障元件主保护拒动时的近后备保护，也可以作为相邻元件的远后备保护。实际上，一个区域内所有差动保护构成了一个广域差动保护系统，传统的差动保护也可以看成广域差动保护系统的一个最基本单元。

2．广域电流差动保护的保护范围划分与关联域确定

完成广域电流差动保护功能需要解决两个关键问题。

（1）确定保护范围

广域电流差动保护系统理论上可以获得电网任何测点的电流量，完成差动保护功能，但在实际应用中应该为广域差动保护系统划定保护范围，以实现在最小范围内切除故障。

（2）确立智能终端 IED 的关联域

上述终端设备在我国通常是采用 IED（Intelligent Electrical Device，智能电子设备）来实现，关联域是指故障发生后 IED 应该与哪些对应的 IED 交换电流信息进行差动计算，

在这些 IED 中先与谁交换电流信息，后与谁交换电流信息。

二、配电网广域过电流保护技术

由于配电网规模大，结构复杂，相应的投资建设一直受到限制，因此传统配电网只是在变电站出口处配置断路器和三段式电流保护，而在干线和支线上装设分段负荷开关，在配电自动化系统的支持下实现故障隔离。由于负荷开关不能切断短路电流，因此当故障发生时只能在变电站出口位置处跳闸，这样将导致整条馈线范围断电，从而扩大了停电范围。近年来，随着断路器制造行业水平的进步和经济发展，配电网 10kV 断路器的价格大幅下降，在经济上使得断路器在配电网中的大范围使用成为可能。如果在配电网中节点位置处均采用断路器，利用断路器本身具有切断短路电流的能力，将有可能在最小的范围内隔离故障。

（一）广域过电流保护的原理

一般而言，对于开环运行的配电网来说，过电流是其发生相间短路故障的典型特征量，通过故障特征量在故障点上下游的差异可以得出配电网相间短路故障过电流的分布特性；进而根据故障能量平衡的原则，利用过电流特征量满足能量平衡原则的特点，可以构成专用于配电网的广域过电流保护。

用 3UI 表征故障功率的大小，过电流是故障功率的主要特征，根据故障能量平衡的原则，若故障功率流入某元件并从该元件流出，则该元件必然不存在故障点；若故障功率流入某元件但不从该元件流出，则该元件必然存在故障点，因为故障功率流入了故障点。

可以利用配电自动化系统中安装在配电网各个节点位置处的终端设备（具有网络通信功能，可支持广域保护的实现，以下简称广域保护终端）和广域保护主站在通信通道的支持下构成广域过电流保护系统，在配电网中发生相间短路产生过电流故障时，配电网广域保护主站利用高速信道根据各个节点位置处传输来的遥测和遥信数据，结合配电网的网络拓扑，通过广域保护主站与各个节点位置处的广域保护终端之间的协调配合，快速准确地定位故障区域并且断开相间短路电流，实现配电网广域过电流保护。

（二）广域过电流保护的算法

由以上分析可知，对于配电网中发生的相间短路故障，可以通过一个或多个保护装置监测过电流，利用广域过电流保护原理有选择性地切除故障。

这里引入广义节点的概念，广义节点是指以配电开关作为边界的，由若干配电开关和配电线路构成的电气连通区域。广义节点大多数情况下是指由一回配电线路（和其 T 接线路）及其直接连接的配电开关的集合。如图 2—3 所示，配电线路 AB 以及配电开关 A、B 可构成一个广义节点；配电线路 CD、CE 以及配电开关 C、D、E 也可构成一个广义节点等。当然也适合更一般意义的广义节点，如由配电线路 AB、BC 以及配电开关 A、B、C 构成的广义节点。

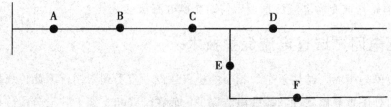

图 2-3　带分支辐射状配电网

主站判断相间短路故障是否发生在广义节点内部的方法如下（以广义节点 i 为例）。

第一，若广义节点 i 仅有一台边界配电开关处的广域保护终端监测过电流，则相间短路故障必然发生在广义节点 i 的内部。

第二，若广义节点 i 为终端广义节点（即不可能有下游广义节点），且至少有一台配电开关处的广域保护终端监测到过电流，则相间短路故障必然发生在广义节点 i 的内部。

第三，若广义节点 i 有至少两台边界配电开关处的广域保护终端监测到过电流，则相间短路故障必然发生在广义节点 i 的外部。

当配电网发生相间短路故障时，故障相电流将会远大于额定电流，即出现过电流，该过电流可以被广域保护终端监测到，并判断是否大于整定电流 I_{set}，即 $I > I_{set}$。

配电网广域过电流保护技术，在使用断路器代替负荷开关基础上，能够在相间短路故障发生时实现各个节点间的无时限配合，而不必在变压器出口位置处跳闸，实现了故障的选择性切除，避免故障范围扩大到整回馈线，从而缩小故障影响范围。同时配电网广域过电流保护原理将配电自动化系统的故障隔离功能下放到设备级，使配电自动化系统对故障隔离的实时性要求大幅度降低，提高了实用性。

三、配电网广域方向纵联保护技术

配电网中含有大量的配电开关，包括出线开关、主干线上的分段开关和重要分支线上的分支开关，这些隔离开关将配电网分成了多个区域。一般在隔离开关处安装继电保护装置，当配电网故障时，保护装置动作跳开隔离开关，以隔离故障。在传统配电网中，保护装置配置三段式过电流保护，保护范围为下游线路；各级隔离开关通过电流门槛和时限配合来匹配最优的动作方案。若是多电源网络，还可增加方向元件，用来区分故障点在上游或下游线路。以上技术方案在配电网中难以完美呈现，存在定值无法整定、时限配合困难、动作延时过长等问题。

第一步：判定保护元件的状态量特征，并将其发送给保护区域的其他边界节点，并接收其他边界节点的状态量特征；如果有边界节点检测到"TV 断线告警"，同样发送到保护区域的其他边界节点。

第二步：顺序检查保护区域所有边界节点状态量信息；如果有边界节点 A 处于过电流故障状态（S=1），进入后续流程。

第三步：继续检查剩余边界节点的状态量信息。包括 A 在内，如果有边界节点处于过电流状态并且检测到故障在保护区域外（S=1&SD=0），算法流程结束。

第四步：如果所有检测到过电流故障态的边界节点的故障位置都在其保护区域内，则保护动作出口。如果保护区域有边界节点发"TV断线告警"，则闭锁保护。

四、基于广域信息的直流失电保护技术

变电站的保护直流电源（简称直流电源）是保证整个系统正常运转的基础，对于继电保护的正确动作至关重要，目前，变电站中一般配置有操作电源、保护装置电源和通信电源，随着数字化变电站的发展，电源的容量越来越大，二次设备对电源的供电可靠性也提出了更高的要求。变电站保护装置直流电源消失可能造成电网局部灾难。

变电站保护直流电源消失是变电站运行中的一种严重事故。保护直流电源消失后，变电站所有保护装置或操作回路均无法工作，导致主变压器、母线、高压电抗器及线路等电力设备均失去保护，一旦这些设备发生故障，本站保护将无法动作，须靠相邻站的远后备保护动作隔离故障。

（一）直流电源消失的智能识别方法

目前，变电站内配置了110V或220V保护直流电源和48V通信电源。保护直流电源安放在保护小室，为各间隔继电保护装置和控制回路供电，通信电源安放在通信小室，为通信设备供电，两套电源相互独立。

基于广域信息的智能控制保护系统，其安放在变电站的主/子站的装置可由站内48V通信电源和110V保护直流电源双电源供电，一旦直流电源因异常消失（简称失电），系统仍可以在通信电源的支撑下正常工作，确保失电站将站内异常信息送出。

变电站保护直流电源系统正常运行时其直流母线KM＋和KM－之间的压差为110V或者220V，通过在保护直流电源系统内装设低压继电器实现故障监视，一旦保护直流电源失电，低压继电器动作，广域智能控制保护系统采集动作节点信号，可有效初步判定直流电源消失故障。

目前，常规110kV及以上电压等级变电站都配置了光纤差动保护，利用差动保护装置在通信中断时发出通道异常信号来配合实现直流电源消失的判定，以提高判断的准确性和可靠性一旦某变电站直流失电，其站内保护装置均无法工作，而相邻变电站保护装置均可发出通信异常信号广域智能控制保护系统通过采集相邻站的通道异常信号，结合采集到的直流系统低压继电器动作信号，综合判定某变电站保护直流电源消失。

（二）直流电源消失后的故障快速隔离

广域智能控制保护系统作为电网的冗余保护，其冗余集成了变压器保护、母线保护及线路保护等各种元件保护，变电站直流电源消失后，就地保护装置不能正常工作，无法识别系统是否发生故障，但广域智能控制保护装置由48V通信电源供电仍能正常工作，其装置仍能正确识别失电站的主变压器及母线故障，但无法正确出口跳闸切除故障。对于线路保护，由于直流电源消失后交流电压经电压并列装置而丢失，导致广域智能控制保护装置的线路保护元件无法动作，从而不能正确反映保护范围内线路的故障，因此，需要采集线路对侧的广域智能控制保护装置纵联阻抗元件及断路器位置情况对线路故障加以辅助判

别。当失电站对侧线路保护纵联阻抗元件动作，同时故障线路上的对侧断路器处于跳位且无流时，则认为该线路发生了故障，此时失电站会收到对侧站发来的失电启动允许信号。

直流失电变电站的广域智能控制保护装置在判定出本站直流电源消失，同时装置的变压器、母线等元件保护动作（不跳闸）时，则输出失电远跳信号给各相邻站的广域智能控制保护装置执行跳闸指令，以快速的隔离故障，此外，在失电站会收到对侧站发来的失电启动允许信号，同时检测到故障线路的位于失电站侧的断路器处于合位或有流时，则判断失电站所连线路发生故障且线路保护无法正确动作，此时失电站也会输出失电远跳信号。

相邻站接收到失电站发送来的失电远跳信号后，结合本侧电气量变化以及保护动作情况，跳开与失电站相联系的隔离开关，以快速、可靠地隔离故障。

第三章 变电站和配电网自动化

第一节 变电站综合自动化

一、常规变电站二次系统的特点

变电站是电力网中线路的连接点，作用是变换电压，变换功率，汇集、分配电能。变电站中的电气部分通常被分为一次设备和二次设备。属于一次设备的有不同电压的配电装置和电力变压器。配电装置是交换功率和汇集、分配电能的电气装置的组合设施，它包括母线、断路器、隔离开关、电压互感器、电流互感器、避雷器等。电力变压器是变电站中变换电压的设备，它连接着不同电压的配电装置。有些变电站还由于无功平衡、系统稳定和限制过电压等因素，装有同步调相机、并联电容器、并联电抗器、静止补偿装置、串联补偿装置等。

为了保证变电站电气设备安全、可靠和经济运行，还装有一系列的辅助电气设备，如监视测量仪表、控制及信号器具、继电保护装置、自动装置、远动装置等。上述这些设备通常被称为二次设备。表明变电站中二次设备相互连接关系的电路称为变电站二次回路，也称为变电站二次接线或二次系统。

常规变电站二次系统应用的特点是变电站采用单元间隔的布置形式，主要有以下几方面的问题。

（一）信息不共享

完成测量、控制、保护等功能的二次回路或装置按功能分立设置，分别完成各自的功能，彼此间相关性甚少、互不兼容。

（二）硬件设备和元器件型号多、类别杂，很难达到标准化

二次回路主要由有触点的电磁式设备和元器件组成，也有的由半导体元器件组成，但功能是分立的。同一变电站内不同功能的二次回路设计和设备选择也是分别进行的。

（三）没有自检功能

常规二次系统是一个被动系统，继电保护、自动装置、远动装置等大多不能对自己的状态进行检测，因而也不能发现并指示自身的故障。这种情况使得必须定期对二次设备和回路的功能进行测试和校验。这不仅增加了维护工作量，更重要的是不能及时了解系统的工作状态，保证工作的可靠性。因为设备故障可能发生在刚刚测试和校验之后。

（四）维护工作量大

由于实现不同功能的二次回路是分立设置的，二次设备和元器件之间需要大量的连接

电缆和端子。这既增加了投资，又要花费大量的人力去从事众多装置和元器件之间的连接设计配线、安装、调试、修改工作。同时，常规的保护和自动装置多为电磁型或晶体管型，例如晶体管型保护装置，其工作点易受环境温度的影响，因此其整定值必须定期停电检验，每年检验保护定值的工作量相当大，也无法实现远程修改保护或自动装置的定值。

二、变电站自动化

由于常规二次系统有不少不足，因此，随着数字技术和计算机技术的发展，人们开始研究用计算机解决二次回路存在的问题。在有人值班的变电站采用微机进行监控和完成部分管理任务之后，将变电站二次系统提高到了一个新的水平，出现了变电站自动化。

变电站中的微机通常配置屏幕显示器、事故打印机、报表打印机等外围设备。变电站中微机的主要功能有：

①进行巡回监视和召唤测量。

②对输入数据进行校验和用软件滤波，对脉冲量进行计数，对开关量的状态进行判别，对被测量进行越限判别、功率总加入电量累计等。

③用彩色显示电力网接线图及实时数据、计划负荷和实际负荷、潮流方向以及电压等，当开关变位时，自动显示对应的网络画面，并通过音响和闪光显示提醒运行人员注意，进行报警打印，还能对被测量越限情况和事故顺序进行显示和打印。

④进行报表打印，有每隔一小时打印、每天运行日志报表打印、每月典型报表打印、每月电量总加报表打印、开关状态一览表随机显示打印等。

⑤具有人机对话及提示功能，可随机方便地在线修改断路器和隔离开关的状态，修改有关系数和限值，可随机打印和显示测量数据与图形画面，如果条件允许，也可以增加一些管理功能，如定值修改、操作票制作、保护的配置、反事故对策、检修任务单和故障管理等。

在微机监控引入变电站的同时，微机远动装置也在变电站中应用，出现了变电站微机远动终端（RTU）。微机继电保护装置在变电站中应用，出现了变电站微机继电保护装置。至此，变电站二次系统实现了微机化，进入了变电站自动化阶段。

在变电站二次系统实现微机化以前的一个很长时期内，变电站常规二次系统的监控、保护和远动装置是分开设置的。这些装置不仅功能不同，实现的原理和技术也完全不同。它们之间互不相关、互不兼容，彼此独立存在且自成体系。因此，逐步形成了自动、远动和保护等不同的专业和相应的技术部门。

变电站自动化是在变电站常规二次系统的基础上发展起来的。它虽然以微机为基础，但仍然保持了微机监控、微机继电保护和微机远动装置分别设置、分别完成各自的功能及各自自成体系的配置和工作模式。此时的微机监控、微机保护和微机远动仍然分属于不同的专业技术部门。

当代的变电站自动化正从传统的单项自动化向综合自动化方向过渡，而且是电力系统自动化中系统集成最为成功、效益较为显著的一个例子。

三、变电站综合自动化的概念

在变电站采用微机监控、微机继电保护和微机远动装置之后，人们发现，尽管这三种装置的功能不一样，但硬件配置却大体相同。除了微机系统本身外，无非是对各种模拟量的数据采集设备以及 I/O 回路；实现装置功能的手段也基本相同——使用软件；并且各种不同功能的装置所采集的量和要控制的对象也有许多是共同的。例如，微机监控、微机保护和微机远动装置就都要采集电压和电流，而且都控制断路器的分、合。显然，微机监控、微机保护和微机远动等微机装置分立设置存在设备重复、不能充分发挥微机的作用以及存在设备间互联复杂等缺点。

于是自 20 世纪 70 年代末 80 年代初，工业发达国家都相继开展了将微机监控、微机继电保护和微机远动功能统一进行考虑的研究，从充分发挥微机作用、提高变电站自动化水平、提高变电站自动装置的可靠性、减少变电站二次系统连接线等方面对变电站的二次系统进行了全面的研究工作。该项研究经历了约 10 年的时间，随着微机技术、信息传输技术的发展取得了重大突破。于 20 世纪 80 年代末 90 年代初进入了实用阶段，于是出现了变电站综合自动化，并且展现了极强的生命力。我国变电站综合自动化研究起步于 20 世纪 80 年代末，目前已经进入实用阶段。

变电站综合自动化是将变电站的二次设备（包括测量仪器、信号系统、继电保护、自动装置和远动装置等）经过功能的组合和优化设计，利用先进的计算机技术、现代电子技术、通信技术和信号处理技术，实现对全变电站的主要设备和输、配电线路的自动监视、测量、自动控制和保护，以及与调度通信等综合的自动化系统。变电站综合自动化系统中，不仅利用多台微型计算机和大规模集成电路代替了常规的测量、监视仪表和常规控制屏，还用微机保护代替常规的继电保护屏，弥补了常规的继电保护装置不能自检也不能与外界通信的不足。变电站综合自动化可以采集到比较齐全的数据和信息，利用计算机的高速计算能力和逻辑判断能力，可方便地监视和控制变电站内各种设备的运行和操作。

变电站综合自动化技术是自动化技术、计算机技术和通信技术等高科技在变电站领域的综合应用。在综合自动化系统中，由于综合或协调工作的需要，网络技术、分布式技术、通信协议标准、数据共享等问题，必然成为研究综合自动化系统的关键问题。

四、变电站综合自动化系统的基本功能

变电站综合自动化系统的基本功能体现在下述五个子系统的功能中。

（一）监控子系统

监控子系统应取代常规的测量系统，取代指针式仪表；改变常规的操作机构和模拟盘，取代常规的告警、报警、中央信号、光字牌；取代常规的远动装置等。总之，其功能应包括以下几部分内容：数据量采集（包括模拟量、开关量和电能量的采集）；事件顺序记录（Sequence of Event，SOE），故障记录、故障录波和故障测距，操作控制功能，安全监视功能，人机联系功能，打印功能，数据处理与记录功能，谐波分析与监视功能等。

（二）微机保护子系统

微机保护是综合自动化系统的关键环节。微机保护应包括全变电站主要设备和输电线路的全套保护，具体有高压输电线路的主保护和后备保护、主变压器的主保护和后备保护、无功补偿电容器组的保护、母线保护、配电线路的保护、不完全接地系统的单相接地选线等。

（三）电压、无功综合控制子系统

在配电网中，实现电压合格和无功基本就地平衡是非常重要的控制目标。在运行中，能实时控制电压/无功的基本手段是有载调压变压器的分接头调挡和无功补偿电容器组的投切。

目前多采用一种九区域控制策略进行电压/无功自动控制。

总之，一旦监测到工作点离开了 0 区，即自动控制电容的投切和变压器分接头挡位，使其迅速回到 0 区。

这种由微机实现的电压/无功控制，可使变电站 10kV 母线电压合格率大大提高，同时也可使变电站电源进线上的损耗降低，取得了很好的效益。

这种电压/无功控制是一种局部自动电压控制（Automatic Voltage Control，AVC），还不是采集全网数据进行优化控制以实现总网损最低的全网 AVC。由于点多面广，实现全网优化的 AVC 难度是比较大的。

另一个需注意的问题是每天分接头挡位调节和电容投切次数均需有一定限制，过于频繁的调节对设备寿命十分不利，甚至会引发事故。已有软件对此给予了约束。

（四）低频减负荷及备用电源自投控制子系统

低频减负荷是一种"古老"的自动装置。它是当电力系统有功严重不足使系统频率急剧下降时，为保持系统稳定而采取的一种"丢车保帅"手段。

但传统常规的低频减负荷有着很大的缺点：例如某一回路已被定为第一轮切负荷对象，可是此时该回路负荷很小，切了它也起不到多少作用，如果第一轮各回路中这种情况多几个，则第一轮切负荷就无法挽救局势。

在变电站综合自动化系统中，可以避免这种情况。当监测到该回路负荷很小时，可不切除它，而改切另一路负荷大的备选回路。这就改变了"呆板"形象，而具有了一定的智能。

（五）通信子系统

通信功能包括站内现场级之间的通信和变电站自动化系统与上级调度的通信两部分。

1. 综合自动化系统的现场级通信

主要解决自动化系统内部各子系统与上位机（监控主机）及各子系统之间的数据通信和信息交换问题。通信范围是变电站内部。对于集中组屏的综合自动化系统，就是在主控室内部；对于分散安装的自动化系统，其通信范围扩大至主控室与各子系统的安装地（开关室），通信距离加长了一些。

现场级的通信方式有并行通信、串行通信、局域网络和现场总线等多种方式。

2. 综合自动化系统与上级调度通信

综合自动化系统应兼有 RTU 的全部功能，能够将所采集的模拟和开关状态信息，以及事件顺序记录等传至调度端；同时应能接收调度端下达的各种操作、控制、修改定值等命令，即完成新型 RTU 的全部四遥及其他功能。

通信子系统的通信规约应符合部颁标准。最常用的有 Polling（问答式规约）和 CDT（循环式规约）两类规约。

五、变电站综合自动化的结构形式

变电站综合自动化系统的发展与集成电路、计算机、通信和网络等方面的技术发展密切相关。随着这些高科技技术的不断发展，综合自动化系统的体系结构也不断发生变化，其性能和功能以及可靠性等也不断提高。从国内外变电站综合自动化系统的发展过程来看，其结构形式有集中式、分布集中式、分散与集中相结合式和全分散式等四种。

（一）集中式的结构形式

集中式的综合自动化系统，是指集中采集变电站的模拟量、开关量和数字量等信息，集中进行计算与处理，再分别完成微机监控、微机保护和一些自动控制等功能。集中式结构不是指由一台计算机完成保护、监控等全部功能。集中式结构的微机保护、微机监控和与调度通信的功能可以由不同计算机完成，只是每台计算机承担的任务多些。这种结构形式的存在与当时的微机技术和通信技术的实际情况是相关的。在国外，20 世纪 60 年代由于电子数字计算机和小型机价格昂贵，只能是高度集中的结构形式。

这种集中式的结构是根据变电站的规模，配置相应容量的集中式保护装置和监控主机及数据采集系统，将它们安装在变电站中央控制室内。

主变压器和各进出线及站内所有电气设备的运行状态，通过 TA（CT 电流互感器）、TV（PT 电压互感器）经电缆传送到中央控制室的保护装置和监控主机（或运动装置）。继电保护动作信息往往取自保护装置的信号继电器的辅助触点，通过电缆送给监控主机（或运动装置）。

这种集中式结构系统造价低，且其结构紧凑、体积小，可大大减少占地面积。其缺点是软件复杂，修改工作量很大，系统调试麻烦；每台计算机的功能较集中，如果一台计算机出故障，影响面大，因此必须采用双机并联运行的结构才能提高可靠性。另外，该结构组态不灵活，对不同主接线或规模不同的变电站，软、硬件都必须另行设计，二次开发的工作量很大，因此影响了批量生产，不利于推广。

（二）分层（级）分布式系统集中组屏的结构形式

所谓分布式结构，是在结构上采用主从 CPU 协同工作方式，各功能模块（通常是各个从 CPU）之间采用网络技术或串行方式实现数据通信，多 CPU 系统提高了处理并行多发事件的能力，解决了集中式结构中独立 CPU 计算处理的瓶颈问题，方便系统扩展和维护，局部故障不影响其他模块（部件）正常运行。

所谓分层式结构，是将变电站信息的采集和控制分为管理层、站控层和间隔层三个级分层布置。

TV、TA 输入,断路器、隔离开关辅助触点输入、断路器控制等。间隔层按一次设备组织,一般按断路器的间隔划分,具有测量、控制和继电保护部分。测量、控制部分负责该单元的测量、监视、断路器的操作控制和连锁,以及事件顺序记录等;保护部分负责该单元线路或变压器或电容器的保护、各种录波等。因此,间隔层本身是由各种不同的单元装置组成,这些独立的单元装置直接通过总线接到站控层。

站控层的主要功能是作为数据集中处理和保护管理,担负着上传下达的重要任务。一种集中组屏结构的站控层设备是保护管理机和数采控制机。正常运行时,保护管理机监视各保护单元的工作情况,一旦发现某一保护单元本身工作不正常,立即报告监控机,并报告调度中心。如果某一保护单元有保护动作信息,也通过保护管理机,将保护动作信息送往监控机,再送往调度中心。调度中心或监控主机也可通过保护管理机下达修改保护定值等命令。数采控制机则将数采单元和开关单元所采集的数据和开关状态送往监控机和调度中心,并接受由调度或监控机下达的命令。总之,这第二层管理机的作用是可明显减轻监控机的负担,协助监控机承担对间隔层的管理。

变电站的监控主机或称上位机,通过局域网络与保护管理机和数采控制机以及控制处理机通信。监控机的作用,在无人值班的变电站,主要负责与调度中心的通信,使变电站综合自动化系统具有 RTU 的功能,完成"四遥"的任务;在有人值班的变电站,除了仍然负责与调度中心通信外,还负责人机联系,使综合自动化系统通过监控机完成当地显示、制表打印、开关操作等功能。

分层分布式系统集中组屏结构的特点如下。

1. 分层分布式结构配置

在功能上采用"可以下放的尽量下放"的原则,凡是可以在本间隔层就地完成的功能,绝不依赖通信网。这样的系统结构与集中式系统比较,明显优点是:可靠性高,任一部分设备有故障时,只影响局部,可扩展性和灵活性高;站内二次电缆大大简化,节约投资也简化维护。分布式系统为多 CPU 工作方式,各装置都有一定数据处理能力,从而大大减轻了主控制机的负担。

2. 继电保护相对独立

继电保护装置的可靠性要求非常严格,因此,在综合自动化系统中,继电保护单元宜相对独立,其功能不依赖于通信网络或其他设备。通过通信网络和保护管理机传输的只是保护动作的信息或记录数据。

3. 具有和系统控制中心通信的能力

综合自动化系统本身已具有对模拟量、开关量、电能脉冲量进行数据采集和数据处理的功能,还收集继电保护动作信息、事件顺序记录等,因此不必另设独立的 RTU,不必为调度中心单独采集信息。综合自动化系统采集的信息可以直接传送给调度中心,同时也可以接受调度中心下达的控制、操作命令和在线修改保护定值命令。

4．模块化结构，可靠性高

综合自动化系统中的各功能模块都由独立的电源供电，输入/输出回路也相互独立，因此任何一个模块故障都只影响局部功能，不会影响全局。由于各功能模块都是面向对象设计的，所以软件结构较集中式的简单，便于调试和扩充。

5．室内工作环境好，管理维护方便

分层分布式系统采用集中组屏结构，屏全部安放在控制室内，工作环境较好，电磁干扰比放于开关柜附近弱，便于管理和维护。

分布集中式机构的主要缺点是安装时需要的控制电缆相对较多，增加了电缆投资。

（三）分布式与集中式相结合的结构

分布式的结构，虽具备分级分层、模块化结构的优点，但因为采用集中组屏结构，因此需要较多的电缆。随着微控制器技术和通信技术的发展，可以考虑按每个电网元件为对象，集测量、保护、控制为一体，设计在同一机箱中。对于 6～35kV 的配电线路，这样一体化的保护、测量、控制单元就分散安装在各开关柜内，构成所谓智能化开关柜，然后通过光纤或电缆网络与监控主机通信，这就是分布式结构。考虑环境等因素，高压线路保护和变压器保护装置仍可采用组屏安装在控制室内。这种将配电线路的保护和测控单元分散安装在开关柜内，而高压线路保护和主变压器保护装置等采用集中组屏的系统结构，就称为分布和集中相结合的结构。这是当前综合自动化系统的主要结构形式，也是今后的发展方向。

分布与集中相结合的变电站综合自动化系统中，10～35kV 馈线保护采用的是分布式结构，就地安装（实现开关柜智能化），节约控制电缆，通过现场总线与保护管理机通信；而高压线路保护和变压器保护采用的是集中组屏结构，保护屏安装在控制室或保护室中，同样通过现场总线与保护管理机通信。这些重要的保护装置处于比较好的工作环境，对可靠性较为有利，其他自动装置中，备用电源自投控制装置和电压、无功综合控制装置采用集中组屏结构，则安装于控制室或保护室。

六、变电站综合自动化的优点

变电站综合自动化为电力系统的运行管理自动化水平的提高打下了基础。它具有如下优点。

（一）简化了变电站二次部分的硬件配置，避免了重复

因为各子站采集数据后，可通过 LAN（Local Area Network，局域网）共享。例如，就地监控和远动所需要的数据不再需要自己的采集硬件，专用的故障录波器也可以省去，常规的控制屏、中央信号屏、站内的主接线模拟屏等都可以取消。配电线路的保护和测控单元，分散安装在各开关柜内，减少了主控室保护屏的数量，因此使主控室面积大大缩小，利于实现无人值班。

（二）简化了变电站各二次设备之间的连线

因为系统的设计思想是子站按一次设备为单元组织，例如一条出线一个子站，而每个

子站将所有二次功能组织成一个或几个箱体，装在一起。不同子站之间除用通信媒介连成LAN外，几乎不再需要任何连线。从而使变电站二次部分连线变得非常简单和清晰，尤其是当保护下放时，所节省的强电电缆数量是相当可观的。

（三）减轻了安装施工和维护工作量，也降低了总造价

由于各子站之间没有互联线，而每个子站的智能化开关柜的保护和测控单元在开关柜出厂前已由厂家安装和调试完毕，再加上敷设电缆数量大大减少，因此现场施工、安装和调试的工期都大幅缩短，实践证明总造价可以下降。实际上还应计及因维护工作量下降（可无人值班）减少的运行费用。

（四）系统可靠性高，组态灵活，检修方便

分层分布式结构，由于分散安装，减小了电流互感器的负担。各模块与监控主机间通过局域网络或现场总线连接，抗干扰能力强，可靠性高。

第二节　配电网及其馈线自动化

一、配电网的构成及特点

电力网分为输电网和配电网。从发电厂发出的电能通过输电网送往消费电能的地区，再由配电网将电力分配至用户。所谓配电网就是从输电网接收电能，再分配给各用户的电力网。配电网也称为配电系统。

配电网和输电网，原则上是按照它们发展阶段的功能划分的，而具体到一个电力系统中，是按照电压等级确定的。不同的国家对输电网和配电网的电压等级划分是不一致的。我国规定：输（送）电电压为220kV及以上为输电网；配电电压等级分为三类，即高压配电电压（110kV、60kV、35kV）、中压配电电压（10kV）、低压配电电压（380/220V）。与上述电压等级相对应，配电网按电压等级又可分为高压配电网、中压配电网和低压配电网。

（一）配电变电站

配电变电站是变换供电电压、分配电力并对配电线路及配电设备实现控制和保护的配电设施。它与配电线路组成配电网，实现分配电力的功能。配电变电站接受电力的进线电压通常较高，经过变压之后以一种或两种较低的电压为出线电压输出电力。

在我国，常将10/0.4kV具备配电和变电功能的配电变电站称为配电所；对于不具备变电功能而只具备配电功能的配电装置简称为开关站。安装在架空配电线路上用作配电的变压器实际上是一种最简单的中压配电变电所。这种变压器接线简单，一路中压进线，经变压后的低压线路沿街道的各个方向分成几路向用户供电。这种变压器通常放在电线杆上（也有放在地面上的），在变压器的高、低压侧分别装有跌落式熔断器和熔丝作为过电流保护，装有避雷器作为防雷保护。这种中压配电变压器通常被称为配电变压器。

（二）配电线路

配电线路是向用户分配电能的电力线路。我国将 110kV 及以下的电力线路都列为配电线路，其中较高电压等级的配电线路，在农村配电网和小城市中往往成为该配电网的唯一电源线，因而也会起到输电作用。

按运行电压不同，配电线路可分为高压配电线路（35～110kV）（或称次输电线路）、中压配电系统（10kV）（或称一次配电系统）和低压配电线路（220/380V）（或称二次配电线路）三类。各级电压的配电线路既可以构成配电网，也可以直接以专线向用户供电。按结构不同，配电线路可分为架空配电线路与电缆配电线路；按供电对象不同，可分为城市配电线路与农村配电线路。

配电网由配电变电站和配电线路组成。通过各种电力元件（包括变压器、母线、断路器、隔离开关、配电线路）可以将配电网连成不同结构。配电网基本分为放射式和环式两大类型。在放射式结构中，电能只能通过单一路径从电源点送至用电点；在网式结构中，电能可以通过两个以上的路径从电源点送往用电点。网式结构又可分为多回路式、环式和网络式三种。

放射式配电网，电源通过断路器 1DL 向负荷 1～5 供电，通过 2DL 向负荷 6 供电，所有的负荷点只能从一个电源获得电能。放射式配电网的优点是设施简单、运行维护方便、设备费用低。放射式配电网的缺点是供电可靠性低，配电设施有故障可能会造成大量用户停电。

（三）配电网的特点

1. 点多、面广、分散

配电网处于电力网的末端，它一头连着电力系统的输电网，一头连着电能用户，直接与城乡企、事业单位以及千家万户的用电设备和电器相连接。这就决定了配电网是电力系统中分布面积最广、电力设备数量最多、线路最长的一部分。

2. 配电线路、开关电器和变压器结合在一起

在输电网和高压配电网中，电力线路从一座变电站（或发电厂）出来接到另一座变电站去，中间除了电力线路以外就不再经过其他电力元件了。而在中压配电网和低压配电网中则不完全是这样。一条配电线路从高压配电变电站出来（出线电压在我国为 10kV）往往就进入城市的一条街道。配电线沿街道延伸的同时，会在电线杆上留下一个个杆上变压器、断路器和跌落式熔断器。这些杆上电力元件和配电线结合在一起，像是配电线路的一部分。这些杆上电力元件不仅数量多、分散，而且工作环境恶劣（日晒、雨淋、冰雪、霜冻、风吹、结露等）。

二、馈线自动化的主要组成

馈线自动化（Feeder Automation，FA）指配电线路的自动化，是配网自动化的一项重要功能。由于变电站自动化是相对独立的一项内容，实际上在配网自动化实现以前，馈线自动化就已经发展并完善，因此在一定意义上可以说配网自动化指的就是馈线自动化。

不管是国内还是国外，在实施配网自动化时，也确实都是从馈线自动化开始的。

在正常状态下，馈线自动化实时监视馈线分段开关与联络开关的状态，以及馈线电流、电压情况，实现线路开关的远方或就地合闸和分闸操作；在故障时，获得故障记录，并能自动判别和隔离馈线故障区段，迅速对非故障区域恢复供电。

（一）馈线终端

配电网自动化系统远方终端有：①馈线远方终端，包括馈线终端设备（Feeder Terminal Unit，FTU）和配电终端设备（Distribution Terminal Unit，DTU）；②配电变压器远方终端（Transformer Terminal Unit，TTU）；③变电所内的远方终端（Remote Terminal Unit，RTU）。

FTU分为M类：户外柱上FTU，环网柜FTU和开闭所FTU。所谓DTU，实际上就是开闭所FTU。三类FTU应用场合不同，分别安装在柱上、环网柜内和开闭所。但其基本功能是一样的，都包括遥信、遥测和遥控，以及故障电流检测等功能。

FTU/TTU在配电管理系统（Distribution Management System，DMS）中的地位和作用和常规RTU在输电网能量管理系统（EMS）中的地位和作用是等同的。但是配电网远方终端并不等同于传统意义上的RTU。一方面，配电自动化远方终端除了完成RTU的四遥功能外，更重要的是它还需完成故障电流检测、低频减载和备用电源自投等功能，有时甚至还需要提供过流保护等原来属于继电保护的功能。因而从某种意义上讲，配电远方终端比RTU的智能化程度更高，实时性要求也更高，实现的难度也就更大。另一方面，传统的RTU往往或集中安装在变电所控制室内，或分层分布地安装在变电所各开关柜上，但总的来说基本上都安装在环境相对较好的户内。而配电自动化远方终端不同，虽然它也有少量设备安装在户内（开闭所FTU），但更多的设备往往安装在电线杆上、马路边的环网柜内等环境非常恶劣的户外，因而对配电自动化远方终端设备的抗震、抗雷击、低功耗、耐高低温等性能要求比传统RTU要高得多。

（二）重合器

自动重合器是一种能够检测故障电流，在给定时间内断开故障电流并能进行给定次数重合的一种有"自具"能力的控制开关。所谓自具，即本身具有故障电流检测和操作顺序控制与执行的能力，无须附加继电保护装置和另外的操作电源，也不需要与外界通信。现有的重合器通常可进行三到四次重合。如果重合成功，重合器则自动中止后续动作，并经一段延时后恢复到预先的整定状态，为下一次故障做好准备。如果故障是永久性的，则重合器经过预先整定的重合次数后，就不再进行重合，即闭锁于开断状态，从而将故障线段与供电源隔离开来。

重合器在开断性能上与普通断路器相似，但比普通断路器有多次重合闸的功能；在保护控制特性方面，则比断路器的"智能"高很多，能自身完成故障检测，判断电流性质，执行开合功能，并能记忆动作次数，恢复初始状态，完成合闸闭锁等。

（三）分段器

分段器是提高配电网自动化程度和可靠性的又一种重要设备。分段器必须与电源侧前级主保护开关（断路器或重合器）配合，在无压的情况下自动分闸。当发生永久性故障时，分段器在预定次数的分合操作后闭锁于分闸状态，从而达到隔离故障线路区段的目的。若分段器未完成预定次数的分合操作，故障就被其他设备切除了，分段器将保持在合闸状态，并经一段延时后恢复到预先整定状态，为下一次故障做好准备。分段器可开断负荷电流、关合短路电流，但不能开断短路电流，因此不能单独作为主保护开关使用。

电压—时间型分段器有两种功能：第一种是在正常运行时闭合的分段开关；第二种是正常运行时断开的分段开关。当电压—时间型分段器作为环状网的联络开关并开环运行时，作为联络开关的分段器应当设置在第二种功能；而其余的分段器则应当设置在第一种功能。

三、馈线自动化的实现方式

馈线自动化方案可分为就地控制和远方控制两种类型。前一种依靠馈线上安装的重合器和分段器自身的功能来消除瞬时性故障和隔离永久性故障，不需要和控制中心通信即可完成故障隔离和恢复供电；而后一种是由 FTU 采集到故障前后的各种信息并传送至控制中心，由分析软件分析后确定故障区域和最佳供电恢复方案，最后以遥控方式隔离故障区域，恢复正常区域供电。

就地控制方式的优点是：故障隔离和自动恢复送电由重合器自身完成，不需要主站控制，因此在故障处理时对通信系统没有要求，所以投资省、见效快。其缺点是：这种实现方式只适用于配电网络相对比较简单的系统，而且要求配电网运行方式相对固定。另外，这种实现方式对开关性能要求较高，而且多次重合对设备及系统冲击大。早期的配网自动化只是单纯地为了隔离故障并恢复非故障区供电，还没有提出配电系统自动化或配电管理自动化，就地控制方式是一种普遍的馈线自动化实现方式。

远方控制方式由于引入了配电自动化主站系统，由计算机系统完成故障定位，因此故障定位迅速，可快速实现非故障区段的自动恢复送电，而且开关动作次数少，对配电系统的冲击也小。其缺点是：需要高质量的通信通道及计算机主站，投资较大，工程涉及面广、复杂；尤其是对通信系统要求较高，在线路故障时，要求相应的信息能及时传送到上级站，上级站发送的控制信息也能迅速传送到 FTU。

比较就地控制和远方控制两种实现方式，虽然在总体价格上，就地控制方式由于不需要主站控制，对通信系统没有要求而有一定的优势，但是就配电网络本身的改造来看，就地控制所依赖的重合器的价位要数倍于负荷开关，这在一定程度上妨碍了该方案的大范围使用。相比之下，远方控制所依赖的负荷开关在城网改造项目中具有价格上的优势，在保证通信质量的前提下，主站软件控制下的故障处理能够满足快速动作的要求。因此，从总体上来说，远方控制比就地控制方式具有明显的优势，而且随着电子技术的发展，电子、通信设备的可靠性不断提高，计算机和通信设备的造价也会愈来愈低，预计将来会广泛地采用配电自动化主站系统配合遥控负荷开关、分段器实现故障区段的定位、隔离及恢复供电，能够克服就地控制方式的缺点。

四、远方控制的馈线自动化

前面已经介绍过，FTU 是一种具有数据采集和通信功能的柱上开关控制器。在故障时，FTU 将故障时的信息通过通道送到变电站，与变电站自动化的遥控功能相配合，对故障进行一次性的定位和隔离。这样，既免去了由于开关试投所增加的冷负荷，又可大大加速自动恢复供电的时间（由大于 20min 加快到约 2min）。此外，如有需要，还可以自动启动负荷管理系统，切除部分负荷，以解决可能还需对付的冷负荷问题。

典型的基于 FTU 的远方控制馈线自动化系统的组成。各 FTU 分别采集相应柱上开关的运行情况，如负荷、电压、功率和开关当前位置、储能完成情况等，并将上述信息由通信网络发向远方的配电网自动化控制中心。各 FTU 接受配电网控制中心下达的命令进行相应的远方倒闸操作。在故障发生时，各 FTU 记录下故障前及故障时的重要信息，如最大故障电流和故障前的负荷电流、最大故障功率等，并将上述信息传至配电网控制中心，经计算机系统分析后确定故障区段和最佳供电恢复方案，最终以遥控方式隔离故障区段、恢复正常区段供电。

第三节　远程自动抄表计费系统

一、概述

随着现代电子技术、通信技术以及计算机及其网络技术的飞速发展，电能计量手段和抄表方式也发生了根本的变化。电能自动抄表系统（Automatic Meter Reading，AMR）是一种采用通信和计算机网络技术，将安装在用户处的电能表所记录的用电量等数据，通过遥测、传输汇总到营业部门，代替人工抄表及后续相关工作的自动化系统。

电能自动抄表系统的实现提高了用电管理的现代化水平。采用自动抄表系统，不仅能节约大量人力资源，更重要的是可提高抄表的准确性，减少因估计或誊写而造成的账单出错，使供用电管理部门能得到及时准确的数据信息。同时，电力用户不再需要与抄表者预约抄表时间，还能迅速查询账单，因此自动抄表系统也深受用户的欢迎。随着电价的改革，供电部门为迅速出账，需要从用户处尽快获取更多的数据信息，如电能需量、分时电量和负荷曲线等，使用自动抄表系统可以方便地完成上述功能。电能自动抄表计费系统已成为配电网自动化的一个重要组成部分。

二、远程自动抄表系统的构成

远程自动抄表系统主要包括四个部分：具有自动抄表功能的电能表、抄表集中器、抄表交换机和中央信息处理机。抄表集中器是将多台电能表连接成本地网络，并将它们的用电量数据集中处理的装置，其本身具有通信功能，且含有特殊软件。当多台抄表集中器需再联网时，所采用的设备就称为抄表交换机，它可与公共数据网接口。有时抄表集中器和抄表交换机可合二为一。中央信息处理机是利用公用数据网将抄表集中器所集中的电能表数据抄回并进行处理的计算机系统。

（一）电能表

具有自动抄表功能，能用于远程自动抄表系统的电能表有脉冲电能表和智能电能表两大类。

1．脉冲电能表

它能够输出与转盘数成正比的脉冲串。根据其输出脉冲的实现方式的不同，又可分为电压型脉冲电能表和电流型脉冲电能表两种。电压型电能表的输出脉冲是电平信号，采用三线传输方式，传输距离较近；而电流型表的输出脉冲是电流信号，采用两线传输方式，传输距离较远。

2．智能电能表

它传输的不是脉冲信号，而是通过串行口，以编码方式进行远方通信，因而准确、可靠。按智能电能表的输出接口通信方式划分，智能电能表可分为 RS－485 接口型和低压配电线载波接口型两类。RS－485 智能电能表是在原有电能表内增加了 RS－485 接口，使之能与采用 RS－485 型接口的抄表集中器交换数据；载波智能电能表则是在原有电能表内增加了载波接口，使之能通过 220V 低压配电线与抄表集中器交换数据。

3．电能表的两种输出接口比较

输出脉冲方式可以用于感应式和电子式电能表，其技术简单，但在传输过程中，容易发生丢脉冲或多脉冲现象，而且由于不可以重新发送，当计算机因意外中断运行时，会造成一段时间内对电能表的输出脉冲没有计数，导致计量不准。此外，输出脉冲方式电能表的功能单一，一般只能输送电能信息，难以获得最大需量、电压、电流和功率因数等多项数据。

串行通信接口输出方式可以将采集的多项数据以通信规约规定的形式做远距离传输，一次传输无效，还可以再次传输，这样抄表系统即使暂时停机也不会对其造成影响，保证了数据上传的可靠。但是串行通信方式只能用于采用微处理器的智能电子式电能表和智能机械电子式电子表，而且由于通信规约的不规范，各厂家的设备之间不便于互连。

（二）抄表集中器和抄表交换机

抄表集中器是将远程自动抄表系统中的电能表的数据进行一次集中的装置。对数据进行集中后，抄表集中器再通过电力载波等方式将数据继续上传。抄表集中器能处理脉冲电能表的输出脉冲信号，也能通过 RS－485 方式读取智能电能表的数据，通常具有 RS－232、RS－485 方式或红外线通道用于与外部交换数据。

抄表交换机是远程抄表系统的二次集中设备。它集结的是抄表集中器的数据，然后再通过公用电话网或其他方式传输到电能计费中心的计算机网络。抄表交换机可通过 RS－485 或电力载波方式与各抄表集中器通信，而且也具有 RS－232、RS－485 方式或红外线通道用于与外部交换数据。

（三）电能计费中心的计算机网络

电能计费中心的计算机网络是整个自动抄表系统的管理层设备，通常由单台计算机或计算机局域网再配合以相应的抄表软件组成。

三、远程自动抄表系统的典型方案

（一）总线式抄表系统

总线式抄表系统是由电能表、抄表集中器、抄表交换机和电能计费中心组成的四级网络系统。

系统中抄表集中器通过 RS－485 网络读取智能电能表数据或直接接收脉冲电能表输出脉冲。抄表集中器与抄表交换机之间采用低压配电线载波方式传输数据。抄表交换机与电能计费中心的计算机网络之间通过公用电话网传输数据。

在总线式抄表系统中，抄表集中器还可以通过低压配电线载波方式读取电能表数据，抄表交换机与抄表集中器也可以采用 RS－485 网络传输数据。远方抄取居民用户电量时，可将一个楼道内的电能表采用一台抄表集中器集中，再将多台抄表集中器通过抄表交换机连接到公用电话网络进行远程自动抄表。

（二）三级网络的远程自动抄表系统

该系统中的抄表交换机和抄表集中器合二为一，它通过 RS－485 网或者低压配电线载波方式读取智能电能表数据，直接采集脉冲电能表的脉冲，然后通过公用电话网将数据送至电能计费中心的计算机网络。

（三）利用远程自动抄表防止窃电

利用远程自动抄表系统还可以及时发现窃电行为，以便及时采取必要的措施。

仅从电能表本身采取技术手段已经难以防范越来越高明的窃电手段。根据低压配电网的结构，合理设置抄表集中器和抄表交换机，并在区域内的适当位置采用总电能表来核算各分支电能表数据的正确性，就可以较好地防范和侦查窃电行为。即针对居民用户电能表，在每条低压馈线分支前的适当位置（比如一座居民楼的进线处）安装一台抄表集中器，并在该处安装一台用于测量整条低压馈线总电能的低压馈线总电能表，该表也和抄表集中器相连。

在居民小区的配电变压器处设置抄表交换机，并与安装在该处的配电区域总电能表相连。这样，当配变区域总电能表的数据明显大于该区域所有的居民用户电能表读数之和时，在排除了电能表故障的可能性后，就可认定该区域发生了窃电行为。

第四节　负荷控制技术

一、电力系统负荷控制的必要性及其经济效益

电力系统负荷控制系统是实现计划用电、节约用电和安全用电的技术手段，也是配电

自动化的一个重要组成部分。

不加控制的电力负荷曲线是很不平坦的，上午和傍晚会出现负荷高峰，而在深夜，负荷很小又形成低谷。一般最小日负荷仅为最大日负荷的40%左右。这样的负荷曲线对电力系统是很不利的。从经济方面看，如果只是为了满足尖峰负荷的需要而大量增加发电、输电和供电设备，在非峰负荷时间里就会形成很大的浪费，可能有占容量1/5的发变电设备每天仅仅工作一两个小时。而如果按基本负荷配备发变电设备容量，又会使1/5的负荷在尖峰时段得不到供电，也会造成很大的经济损失。上述矛盾是很尖锐的。另外，为了跟踪负荷的高峰和低谷，一些发电机组要频繁地启停，既增加了燃料的消耗，又缩短了设备的使用寿命。同时，这种频繁的启停，以及系统运行方式的相应改变，都必然会增加电力系统故障的机会，影响安全运行，从技术方面看对电力系统也是不利的。

如果通过负荷控制，削峰填谷，使日负荷曲线变得比较平坦，就能够使现有电力设备得到充分利用，从而推迟扩建资金的投入，并可减少发电机组的启停次数，延长设备的使用寿命，降低能源消耗；同时对稳定系统的运行方式、提高供电可靠性也大有益处。对用户来说，如果让峰用电，也可以减少电费支出。因此，建立一种市场机制下用户自愿参与的负荷控制系统，会形成双赢或多赢的局面。

二、负荷控制装置的种类

目前，电力系统中运行的有分散负荷控制装置和远方集中负荷控制系统两种。分散的负荷控制装置功能有限，不灵活，但价格便宜，可用于一些简单的负荷控制。例如，用定时开关控制路灯和固定装置设备；用电力定量器控制一些用电指标比较固定的负荷等。远方集中负荷控制系统的种类比较多，根据采用的通信传输方式和编码方法的不同，可分为音频电力负荷控制系统、无线电电力负荷控制系统、配电线载波电力负荷控制系统、工频负荷控制系统和混合负荷控制系统五类。在我国，负荷控制方式主要有无线电负荷控制和音频负荷控制，此外还有工频负荷控制、配电线载波负荷控制和电话线负荷控制等。在欧洲多采用音频控制，在北美较多采用无线电控制方式。

电力负荷控制系统由负荷控制中心和负荷控制终端组成。电力负荷控制中心是可对各负荷控制终端进行监视和控制的主控站，应当与配电调度控制中心集成在一起。电力负荷控制终端是装设在用户处，受电力负荷控制中心的监视和控制的设备，也称被控端。

负荷控制终端又可分为单向终端和双向终端两种。单向终端只能接收电力负荷控制中心的命令；双向终端能与电力负荷控制中心进行双向数据传输和实现当地控制功能。

三、负荷控制系统的基本层次

根据目前负荷管理的现状，负荷控制系统以市（地）为基础较合适。在规模不大的情况下，可不设县（区）负荷控制中心，而让市（区）负荷控制中心直接管理各大用户和中、小重要用户。

四、无线电负荷控制系统

在配电控制中心内装有计算机控制的发送器。当系统出现尖峰负荷时，按事先安排好的计划发出规定频带（目前为特高频段）的无线电信号，分别控制一大批可控负荷。在参加负荷控制的负荷处装有接收器，当收到配电控制中心发出的控制信号时，将负荷开关跳开。这种控制方式适合于控制范围不大、负荷比较密集的配电系统。

国家无线电管理委员会已为电力负荷监控系统划分了可用频率，并规定调制方式为移频键控（数字调频）方式（2FSK－FM），传输速率为 50～600bit/s。具体使用的频率要与当地无线电管理机构商定。

在无线电信息传输过程中，信号受到干扰的可能性很大，会影响负荷控制的可靠性。为了提高信号传输过程中的抗干扰能力，常采取一些特殊的编码。这种编码方式用三个频率组成一个码位，每一位都由具有固定持续时间和顺序的三个不同频率组成。每个频率的持续时间为 15ms，每一位码为 45ms，每个码位间隔 5ms。

主控制站利用控制设备和无线电收发信装置发出指令，可同时控制 128 个被控站。主控制站也能从被控站接收各种信息，并自动打印和显示出来，同时存入磁盘中供分析检查之用。

五、音频负荷控制系统

音频负荷控制系统是指将 167～360Hz 的音频电压信号叠加到工频电力波形上，直接传送到用户进行负荷控制的系统。这种方式利用配电线作为信息传输的媒体，是最经济的传送控制信号的方法，适合于控制范围很广的配电系统。

音频控制的工作方式与电力线载波类似，只是载波频率为音频范围。与电力线载波相比，它传播更有效，有较好的抗干扰能力。在选择音频控制频率时，要避开电网的各次谐波频率，选定前要对电网进行测试，使选用的频率具有较好的传输特性，又不受电网谐波的影响。目前，世界上各国选用的音频频率各不相同，例如，德国为 183.3Hz 和 216.6Hz，法国是 175Hz，也有采用 316.6Hz。另外，采用音频控制的相邻电网，要选用不同的频率。

因为音频信号也是工频电源的谐波分量，它的电平太高会给用户的电器设备带来不良影响。多种实验研究表明：注入 10kV 级时，音频信号的电平可为电网电压的 1.3%～2%；注入 100kV 级时，则可高到 2%～3%。音频信号的功率约为被控电网功率的 0.1%～0.3%。

六、负荷管理与需方用电管理

负荷管理（Load Management，LM）的直观目标，就是通过削峰填谷使负荷曲线尽可能变得平坦。这一目标的实现，有的由 LM 独立完成，有的则需与配电 SCADA、配电网地理信息系统的自动绘图（Automated Mapping，AM）A 设备管理（Facilities Management，FM）和地理信息系统（Geographic Information System，GIS）及其他高级应用软件（PAS）配合实现。

需方用电管理（Demand Side Management，DSM）则从更大的范围来考虑这一问题。它通过发布一系列经济政策以及应用一些先进的技术来影响用户的电力需求，以达到减少电能消耗、推迟甚至少建新电厂的效果。这是一项充分调动用户参与积极性，充分利用电能，进而改善环境的一项系统工程。

第五节　配电网综合自动化

配电网综合自动化是近几年才出现的，基本特点是综合考虑配电网的监控、保护、远动和管理等工作，构成一个综合系统来完成传统方式中由分立的监控、保护、远动和管理装置完成的工作。为了对配电网综合自动化有一个较系统的了解，下面介绍一个我国自行研制开发的"城市配电网综合自动化系统"。该系统是针对城市配电网的中低压配电网实现的，主要有以下三个特点：①柱上开关综合远动装置具有远动终端（FTU）、断路器控制和继电保护装置的功能，这是"综合"的第一层含义。②实现了配电线载波通信，经济可靠，较好地解决了配电网自动化中的通信问题，为实现配电网综合自动化提供了物质保证。③实现了配电网自动监视与控制、配电网在线管理，用户用电量自动化抄表和偷漏电自动监测三者的协调统一，这是"综合"的第二层含义。

一、系统结构

城市配电网综合自动化系统，中压（10kV）配电网是环网或双端供电结构，每台中压配电变压器都能从两侧获得电源。中压配电网沿城市街道配置。低压（220/380V）配电网配置在大街小巷向用户供电。整个配电网由设在配电网调度所的4台微型计算机控制和管理，其中，1PKJ和2PKJ为配电网调度控制计算机，YGJ为用电管理计算机，PGJ为配电管理计算机。柱上开关综合远动装置、变压器终端、远程抄表终端、电表探头等完成现场任务。由于该配电网自动化系统的二次设备均以微处理器为基础构成，实际上每一个终端设备都是一台微型计算机。

该系统中配电网调度所内的调度控制计算机、配电管理计算机、用电管理计算机以及公用外设（如打印机管理站、电子模拟盘接口）等设备之间采用局域网方式通信。该局域网还可与上级调度所SCADA系统、中压通信网等网络通过网关和网桥联网。

局域网的主要特点是信息传输距离比较近，把较小范围内的数据设备连接起来，相互通信。局域网大多用于企、事业单位的管理和办公自动化。局域网可以和其他局域网或远程网相连。局域网有如下特点：①传输距离较近；②数据传输速率较高；③误码率较低。

城域网是指配电网调度所到高压配电站之间的数据信息通信网。城域网的通信信道在城市中压配电网自动化系统建设之前即已经形成，它可是电缆、载波或微波。在城域网中，各变电站网关与配电网调度所的局域网相连，无中继时通信距离可达30km。

中压通信网是系统数据通信网的第三级。它以 10kV 电力线载波作信道，将众多柱上开关的综合远动装置、变压器远动终端、远程抄表终端与高压变电站网关按总线方式连接。每个变电站构成一个中压通信网络。

在一个城市配电网中会有多个中压通信网，且网络结构复杂。利用配电线路载波的一个好处是可以在 10kV 线路的任何一处将柱上开关综合远动装置、变压器终端等设备入网。理论和实践表明，变电站的高压变压器和 10kV 线路上支接的中压配电变压器的带通特性，能将载波信号限制在本 10kV 中压系统中，向上不会影响上一级高压系统的载波通信，向下也不会影响低压 220/380V 系统中电压的波形。配电网调度所中的局域网、调度所与高压变电站之间的城域网不同，在该配电网综合自动化系统中有十几个独立的中压通信网与城域网相连。在该系统中，几乎所有的自动化功能都要通过中压通信网完成。中压通信网是该配电网综合自动化的核心。

低压通信网是该系统数据通信网的第四级。它以 220/380V 配电线路作为载波通道，主要用于低压远程抄表和偷漏电监测。每个用户变压器的低压侧构成一个总线式低压通信网。

二、系统功能

(一)配电网自动化

配电网自动化是配电网综合自动化系统的最重要的子系统。它由配电调度所的调度控制计算机、变电站网关和柱上开关综合远动装置构成，信息在城域网、中压通信网和局域网中传输。调度控制计算机采用双机配置，互为备用，除实时控制外，还兼作计算机通信网络管理机。

配电网自动化系统实现如下功能。

1. 遥控柱上开关跳闸和合闸

调度员在配电网调度所通过鼠标操作：在大屏幕显示的模拟图上点取开关图形，调度控制计算机即将命令通过城域网发送至设在变电站的网关，再由网关进行通信协议转换并将信息转发到中压通信网，最后传送到柱上开关综合远动装置，发出跳闸或合闸命令，使开关动作。

2. 遥信和遥测

由柱上开关综合远动装置检测通过该断路器的电流及断路器的分合状态，并不断地将测得的信息通过中压通信网设在变电站的网关、城域网传送到配电网调度所。最后将配电网的运行结构和参数显示在调度所的屏幕显示器上。

3. 故障区段隔离

某段线路发生短路故障时配电网自动系统动作如下：①变电站出线断路器速断或延时跳开；②因变电站出线断路器跳开而失电，线路的柱上开关综合远动装置自动发出跳闸脉冲跳开它所控制的开关；③变电站出线断路器自动重合；④由调度人员投合有关的断路器，隔离故障，恢复供电。

　　由于柱上开关和变电站出线断路器的分合状态、重合闸动作等信号能够及时传到配电网调度所的调度控制计算机，并实时地显示在显示屏幕上，因此调度人员可以根据画面上显示的故障区段和重合闸情况，通过调度控制计算机遥控相应开关的分合来隔离故障，恢复非故障区段供电。

4. 继电保护和合闸监护

　　柱上开关综合远动装置具有短路保护功能，如果由它控制的柱上开关具有切断短路电流的能力，可以实现合闸监护。无论是隔离故障，还是因需要改变运行方式，在遥控闭合开关时，由配电网调度中心向柱上开关综合远动装置发令，使开关闭合。如果有故障、柱上开关综合远动装置的继电保护装置动作自动切除它控制的开关，而不跳开变电站的断路器。这对供电可靠性是很有好处的。

5. 单相接地区段判断

　　柱上开关综合远动装置会"感知"到单相接地故障，并自动对它所监控开关上通过的电流采样录波。配电网自动化系统将配电网中诸开关处的电流波形汇集到调度控制计算机。调度控制计算机通过分析、计算即可判断出接地的线路区段，并显示在大屏幕上，同时发出音响报警，通知检修人员处理。运行经验表明，配电网 90% 以上的故障是单相接地。本项功能能够有效地缩短查找接地点所需的时间并减轻劳动强度。

6. 越限报警

　　如果配电网出现电流越限，配电网调度中心的调度控制计算机的多媒体音响发出越限报警声音，大屏幕显示电流越限的线路及其通过的电流值闪烁。

7. 事故报警

　　配电网发生故障时，配电网调度中心的调度控制计算机的多媒体音响发出事故报警声音，大屏幕上故障线路段闪烁。

8. 操作记录

　　配电网中所有开关操作都自动记录在配电网调度中心（所）调度控制计算机的数据库中，可定时或根据需要打印报表。

9. 事故记录

　　事故报警和越限报警事件均按顺序记录在配电网调度控制计算机的数据库中，可定时或根据需要打印报表。

10. 配电网电压监控

　　监视配电网电压水平，通过遥控投切电力电容器，改变变压器分接头位置，控制配电网电压水平。

11. 配电网运行方式优化

　　改变配电网环网的开环运行点，调整线路负荷，使配电网的总网损最小。

12. 负荷控制

　　不仅能远方控制大用户负荷的切除和投入，而且也能对小用户的负荷进行控制。

（二）在线配电管理

由于中低压配电网中变电点、负荷点多，线路长且分布面广，设备的运行条件差，所以，中低压配电网的远动装置长期不能很好解决，加上中低压配电设备的运行状态多变，使调度所很难获得中低压配电网在线运行状态和参数，配电管理工作一直处于十分落后的状态。该系统较好地解决了配电网调度自动化的通信问题，加上多功能的柱上开关综合远动装置和变压器远动终端的成功应用，也为在线配电管理创造了条件。在线配电管理的功能如下。

1. 配电变压器远方数据采集

变压器终端采集电压、电流、有功、无功和电量，并具有平时累计、定时冻结、分时段和峰谷统计等功能，然后经中压通信网送到网关，再送到设在配电网调度所的配电管理计算机数据库中。

2. 网损分析统计

配电管理计算机对所有配电变压器的在线运行数据进行分析统计，计算整个城市配电网以及各子网和每条线路的网损等各种技术经济指标。

3. 在线地理信息系统

在屏幕上显示街区图和符合地理位置的配电线路和变压器符号，以及配电线、配电变压器的技术数据和投入运行的时间等技术管理资料，并可进行打印。

4. 在线进行系统变动设计

因为有在线地理信息系统，所以在进行已有设备更换和新增设备、用户时，可以在屏幕上进行研究和设计，并且在工程完成后及时修改在线地理信息，保证现场系统、设备的技术数据及地理位置与图纸资料一致。

（三）远程自动抄表和用电监测

1. 远程自动抄表

远程抄表终端经 220/380V 低压载波数据通信网从用户电表探头处获得各用户电度表上的用电量，再经中压通信网、网关、城域网送入配电网调度所的用电管理机，最后由用电管理机建立用电数据库、进行统计分析、计算电费、打印结算清单。

2. 用电监测

该项功能对用户偷电（用电而电度表不走"字"或减"字"）、漏电（电度计量不准）进行监控。该系统通过广播对时能获得几乎同一时刻的配电变压器所送电量和用户用电电量，然后据此进行电量平衡检查，以发现偷电者和漏电者。

第四章 电力安全生产常识

第一节 安全生产常识基本概念

一、安全、危险、风险

安全与危险是相对的概念。

安全就是指生产系统中人员免遭不可承受危险的伤害。

危险就是系统中导致发生不期望后果的可能性超过了人们的承受程度。

风险：当危险暴露在人类的生产活动中时就成为风险。风险不仅意味着危险的存在，还意味着危险发生有渠道和可能性。

二、本质安全

本质安全是指设备、设施或技术工艺含有内在的能够从根本上防止发生事故的功能。

本质安全是安全生产管理的最高境界。目前，由于受技术、资金及人们对事故原因的认识等因素限制，还很难达到本质安全，本质安全是我们追求的目标。

三、事故、电力安全事故、事故隐患

事故是指生产、工作中发生意外损失或灾祸。

电力安全事故是指电力生产或者电网运行过程中发生的影响电力系统安全稳定运行或者影响电力正常供应的事故（包括热电厂发生的影响热力正常供应的事故）。

安全生产事故隐患简称"事故隐患"，是指安全风险程度较高，可能导致事故发生的作业场所、设备及设施的不安全状态、非常态的电网运行工况、人的不安全行为及安全管理方面的缺失。

事故隐患随时有可能引发事故。根据可能造成的事故后果，事故隐患分为重大事故隐患和一般事故隐患两个等级。

重大事故隐患是指可能造成人身死亡事故，重大及以上电网、设备事故，由于供电原因可能导致重要电力用户严重生产事故的事故隐患。

一般事故隐患是指可能造成人身重伤事故，一般电网和设备事故的事故隐患。

四、缺陷

缺陷：运行中的设备或设施发生异常，虽能继续使用，但影响安全运行、均称为

缺陷。

根据严重程度，缺陷可分为危急、严重和一般缺陷。

危急缺陷：设备或设施发生了直接威胁安全运行并需立即处理的缺陷，否则，随时可能造成设备损坏、人身伤亡、大面积停电、火灾等事故。危急缺陷处理期限不超过 24 小时。

严重缺陷：对人身或设备有重要威胁，能坚持运行但需尽快处理的缺陷。严重缺陷处理期限不超过 7 天。

一般缺陷：上述危急、严重缺陷以外的缺陷，指性质一般，情况较轻，对安全运行影响不大的缺陷。一般缺陷年度消除率应在 90％以上。

电力设备缺陷和事故隐患的关系：超出设备缺陷管理制度规定的消缺周期仍未消除的设备危急缺陷和严重缺陷，即为事故隐患。根据其可能导致事故后果的评估，分别按重大或一般事故隐患治理。

五、安全生产方针

安全第一、预防为主、综合治理。

六、安全生产责任制

安全生产责任制是按照"安全第一，预防为主、综合治理"的生产方针和"谁主管、谁负责"、"管生产必须管安全"的原则，规定企业各级负责人、各职能部门及其工作人员和各岗位生产人员在安全生产方面应做工作和应负安全责任的一种管理制度。安全生产责任制是电力企业各项安全生产规章制度的核心，同时也是企业安全生产中最基本的安全管理制度。

多年来，电力企业始终坚持并不断完善以行政正职为核心的安全生产责任制。公司系统各级行政正职是安全第一责任人，对本企业的安全生产工作和安全生产目标负全面责任，负责建立健全并落实本企业各级领导、各职能部门的安全生产责任制；各级行政副职是分管工作范围内的安全第一责任人，对分管工作范围内的安全生产工作负领导责任，向行政正职负责。这一制度不仅明确了各级负责人（包括公司、车间、班组）是本单位安全生产的第一责任者，而且对各岗位工作和生产人员应承担的安全职责提出了要求，把安全工作"各负其责、人人有责"从制度上固化。

通过建立健全安全生产责任制，把安全责任落实到每个环节、每个岗位、每个人，增强各级人员的责任意识，充分调动全员工作的积极性和主动性，保障安全生产。

七、安全生产两个体系

两个体系是指电力安全生产的保证体系和监督体系。

电力企业安全生产保证体系由决策指挥、执行运作、规章制度、安全技术、设备管理、思想政治工作和职工教育六大保证系统组成。在安全保证体系中有三大基本要素，即人员、设备、管理。人员素质的高低是安全生产的决定性因素；优良的设备和设施是安全生产的物质基础和保证；科学的管理则是保证安全生产的重要措施和手段。安全保证体系的根本任务，一是造就一支高素质的职工队伍；二是提高设备、设施的健康水平，充分利用现代化科学技术改善和提高设备、设施的性能，最大限度地发挥现有设备、设施的潜力；三是不断加强安全生产管理，提高管理水平。安全保证体系是电力安全生产管理的主导体系，是保证电力安全生产的关键。

电力系统实行内部安全监督制度，自上而下建立机构完善、职责明确的安全监督体系。各级企业内部设有安全监察部（它是企业安全监督管理的独立部门）；主要生产性车间设有专职安全员；其他车间和班组设有专（兼）职安全员。企业安全监督人员、车间安全员、班组安全员形成的三级安全网构成了电力企业的安全监督体系。安全监督体系具有安全监督和安全管理的双重职能：一方面是运用行政和上级赋予的职权，对电力生产、建设全过程实施安全监督，这种监督职能具有一定的权威性、公正性和强制性；另一方面，它又可以协助领导抓好安全管理工作，开展各项安全活动，具有安全管理的职能。

安全保证体系的职责是完成安全生产任务，保证企业在完成生产任务的过程中实现安全、可靠。安全监督体系的职责是对生产过程实施监督检查权，直接对企业安全第一责任者或安全主管领导负责，监督安全保证体系在完成生产任务过程中的执行情况，是否严格遵守各项规章制度、落实安全技术措施和反事故技术措施，以保证企业生产的安全可靠。安全保证体系和安全监督体系都是为实现企业的安全生产目标而建立和工作的，是从属于安全生产这一系统工程中的两个子系统，两个体系协调、有效地运作，共同保证企业生产任务的完成和安全目标的实现。

八、建设项目"三同时"

生产经营单位新建、改建、扩建工程项目（以下统称建设项目）的安全设施，，必须与主体工程同时设计、同时施工、同时投入生产和使用。

九、"四不伤害"

不伤害自己，不伤害别人，不被别人伤害，保护他人不受伤害。

十、确保安全"三个百分之百"

确保安全"三个百分之百"要求的内容是：确保安全，必须做到人员的百分之百，全员保安全；时间的百分之百，每一时、每一刻保安全；力量的百分之百，集中精神、集中力量保安全。

十一、安全抓"三基"

安全抓"三基"指的是：抓基层、抓基础、抓基本功。

十二、"全面、全员、全过程、全方位"保安全

"全面、全员、全过程、全方位"保安全的含义是：每一个环节都要贯彻安全要求，每一名员工都要落实安全责任，每一道工序都要消除安全隐患，每一项工作都要促进安全供电。

十三、安全管理"四个凡事"

"四个凡事"是指：凡事有人负责，凡事有章可循，凡事有据可查，凡事有人监督。

十四、安全"三控"

安全"三控"指的是：可控、能控、在控。

十五、作业现场"四到位"

作业现场"四到位"指的是：人员到位、措施到位、执行到位、监督到位。

十六、作业前"四清楚"

作业前"四清楚"指的是：作业任务清楚，危险点清楚，作业程序清楚，安全措施清楚。

十七、"四不放过"

事故调查必须做到事故原因不清楚不放过，事故责任者和应受教育者没有受到教育不放过，没有采取防范措施不放过，事故责任者没有受到处罚不放过。

十八、作业"三措"

作业"三措"是指组织措施、技术措施和安全措施。编制作业"三措"前要对施工地点及周边环境进行勘察，认真分析危险因素，合理进行人员组织，明确各专业班组（项目部）职责。作业"三措"要有针对性，能对施工全过程安全、技术起到指导作用。

作业"三措"应明确工程概况、作业单位、作业时间、地点及详细的作业任务和进度安排。其中，组织措施主要包括专业小组或人员分工，明确各级人员安全、技术责任，包括工程负责人、项目经理、工作负责人、现场安全员及施工人员、验收人员等；技术措施主要包括施工步骤及施工方法等，对复杂的作业项目应附具体施工方案及作业图；安全措施主要包括施工人员安全教育、培训和作业现场应采取的安全防范措施。同时，针对工作中的危险因素（点），制定相应的控制措施，明确专职监护人及监护范围。必要时可附图说明。除上述内容外，还应包括施工特殊要求及其他需强调说明的问题。

十九、"两措"计划

"两措"计划是指反事故措施计划和安全技术劳动保护措施计划。供电企业每年应编

制年度的反事故措施计划和安全技术劳动保护措施计划。

反事故措施计划应根据上级颁发的反事故技术措施、需要消除的重大缺陷、提高设备可靠性的技术改进措施以及本企业事故防范对策进行编制。反事故措施计划应纳入检修、技改计划。

安全技术劳动保护措施计划应根据国家，行业、国家电网公司颁发的标准，从改善作业环境和劳动条件、防止伤亡事故、预防职业病、加强安全监督管理等方面进行编制。

二十、违章

违章是指在电力生产活动过程中，违反国家和行业安全生产法律法规、规程标准，违反国家电网公司安全生产规章制度、反事故措施、安全管理要求等，可能对人身、电网和设备构成危害并诱发事故的人的不安全行为、物的不安全状态和环境的不安全因素。

按照违章的性质，分为管理违章、行为违章和装置违章。管理违章是指各级领导、管理人员不履行岗位安全职责，不落实安全管理要求，不执行安全规章制度等的各种不安全作为；行为违章是指现场作业人员在电力建设、运行、检修等生产活动过程中，违反保证安全的规程、规定、制度、反事故措施等的不安全行为；装置违章是指生产设备、设施、环境和作业使用的工器具及安全防护用品不满足规程、规定、标准、反事故措施等的要求，不能可靠保证人身、电网和设备安全的不安全状态。

按照违章可能造成的事故、伤害的风险大小，分为严重违章和一般违章。严重违章是指可能对人身、电网、设备安全构成较大危害、容易诱发事故的违章现象，其他违章现象为一般违章。

反违章工作，必须坚持以"三铁"反"三违"，即用铁的制度、铁的面孔、铁的处理反违章指挥、违章作业、违反劳动纪律。

二十一、两票三制

"两票"是指工作票、操作票；"三制"是指交接班制、巡回检查制和设备定期试验轮换制。

二十二、变电站"五防"

"五防"是指防止误入带电间隔、防止误拉合断路器、防止带负荷拉合隔离开关、防止带电挂（合）地线（接地刀闸）、防止带接地线（接地刀闸）合闸送电。其中，后三种误操作为恶性误操作。

二十三、三个不发生

不发生大面积停电事故，不发生人身死亡和恶性误操作事故，不发生重特大设备损坏事故。

二十四、特种作业

特种作业是指对操作者本人、对他人和周围设施的安全有较大危险的作业。我国划定的特种作业工种包括：电工、锅炉司炉工、压力容器操作工、起重工、爆破工、电焊工、煤矿井下瓦斯检验工、机动车司机、机动船舶驾驶员、建筑登高作业工。

二十五、电力生产的"三大规程"和"五项监督"

电力生产的"三大规程"是指电业安全工作规程、设备运行规程和检修规程。"五项监督"是指绝缘监督、仪表监督、化学监督、金属监督和环保监督。现在又增加了热工、电能质量、节能等专业技术监督。对这些规程的认真贯彻执行和做好各项技术监督是保证设备安全运行，保证电力安全生产的重要手段。

二十六、安全简报、通报、快报

安全简报包括以下内容：①某一阶段安全生产情况；②某一阶段主要安全工作信息，上级安全工作指示，本单位安全工作要求，交流好的安全工作经验等；③某一阶段发生的事故、未遂、障碍等不安全情况；④分析安全生产工作方面存在的问题；⑤安排布置下一阶段安全工作任务；⑥所属各单位安全情况统计等。

安全通报，一般是对某一事件作详细报道。如报道某一事故调查分析的情况，报道某一次安全生产会议情况和有关领导的讲话，报道安全生产某一个突出的先进事迹等。

安全快报，一般是在某一事故发生后，即使尚未完全调查清楚，为了尽快将信息传递到基层各单位，及时吸取教训，采取措施，防止同类事故重复发生，而采用的一种报道方式。

二十七、安全工器具

安全工器具是指防止触电、灼伤、坠落、摔跌等事故，保障工作人员人身安全的各种专用工具和器具。

安全工器具分为绝缘安全工器具和一般防护安全工器具两大类。

绝缘安全工器具又分为基本绝缘安全工器具和辅助绝缘安全工器具。

基本绝缘安全工器具是指能直接操作带电设备或接触及可能接触带电体的工器具，如电容型验电器、绝缘杆、核相器、绝缘罩、绝缘隔板等，这类工器具和带电作业工器具的区别在于工作过程中为短时间接触带电体或非接触带电体。将携带型短路接地线也归入这个范畴。

辅助绝缘安全工器具是指绝缘强度不是承受设备或线路的工作电压只是用于加强基本绝缘安全工器具的保安作用，用以防止接触电压、跨步电压、泄漏电流电压对操作人员的伤害，不能用辅助绝缘安全工器具直接接触高压设备带电部分。属于这一类的安全工器具有：绝缘手套、绝缘靴、绝缘胶垫等。

一般防护用具是指防护工作人员发生事故的工器具，如安全带、安全帽等。将导电鞋、登高用的脚扣、升降板、梯子等也归入这个范畴。

二十八、事故主要责任、同等责任、次要责任

主要责任：事故发生或扩大主要由一个主体承担责任者。

同等责任：事故发生或扩大由多个主体共同承担责任者。同等责任包括共同责任和重要责任。

次要责任：承担事故发生或扩大次要原因的责任者，包括一定责任和连带责任。

第二节 安全管理基本知识

安全管理工作分三个阶段：事前预防、事中应急救援、事后调查处理。上升到理论体系为风险管理体系、应急管理体系、事故调查处理体系。

一、风险管理

（一）基本概念

风险管理是用科学的方法（规避、转移、控制、预防等等）处理可预见的风险，实施控制措施以减少或降低事故损失。

风险管理是基于"事前管理"思想的现代安全管理方法，其核心内容是企业安全管理要改变事后分析整改的被动模式，实施以预防、控制为核心的事前管理模式，简而言之，安全管理应由事故管理向风险管理转变。

风险管理主要包括三个方面的工作内容。

1. 风险辨识

辨识生产过程中有哪些事故、隐患和危害？后果及影响是什么？原因和机理是什么？

2. 风险评估

评估后果严重程度有多大？发生的可能性有多大？确定风险程度或级别？是否符合规范、标准或要求？

3. 风险处理

如何预警和预防风险？用什么方法控制和消除风险？如何应急和消除危害？

在安全生产中，我们应树立这样的观点：风险始终存在（例如：在带电区域工作，始终有触电的风险；有瓦斯的煤矿，都有发生瓦斯爆炸的风险），只要我们事前进行风险辨识、评估，找出危险因素，采取有效控制措施，就能避免事故，实现安全生产的可控、能控、在控。

（二）作业安全风险辨识范本

为了有效落实风险辨识，真正实现预先发现风险和控制风险，各专业班组根据自身工作实际，针对典型作业项目进行辨识，查找、列出隐患和风险因素清单，制定相应的控制措施，这个清单就是风险辨识范本。

风险辨识范本可作为日常安全风险管理教育培训的资料，也可作为生产班组作业前制定作业风险辨识卡的参考依据。

二、应急管理

（一）基本概念

应急管理主要包括应急组织体系、应急预案体系、应急保障体系、应急培训与演练、应急实施与评估等内容。

应急预案是指针对可能发生的各类突发事件，为迅速、有序地开展应急行动而预先制定的行动方案。

突发事件是指突然发生，造成或者可能造成人员伤亡、电力设备损坏、电网大面积停电、环境破坏等危及电力企业、社会公共安全稳定，需要采取应急处置措施予以应对的紧急事件。

在任何生产活动中都有可能发生事故。无应急准备状态下，事故发生后往往造成惨重的生命和财产损失。有应急准备时，利用预先的计划和实际可行的应急对策，充分利用一切可能的力量，在事故发生后迅速控制其发展，保护现场工作人员的安全，并将事故对环境和财产造成的损失降至最低。

（二）应急预案分类

电力系统的应急预案分为综合预案、专项预案和现场处置方案。

综合应急预案的内容应满足以下基本要求：符合与应急相关的法律、法规、规章和技术标准的要求；与事故风险分析和应急能力相适应；职责分工明确，责任落实到位；与相关企业和政府部门的应急预案有机衔接。

专项应急预案原则上分为自然灾害、事故灾难、公共卫生事件和社会安全事件四大类。

基层单位或班组针对特定的具体场所、设备设施、岗位等，在详细分析现场风险和危险源的基础上，针对典型的突发事件类型（如人身事故、电网事故、设备事故、火灾事故等），制定相应的现场处置方案。

三、事故调查处理

生产过程中发生事故后，必须按规定尽快组织事故调查。事故调查必须按照实事求是、尊重科学的原则，及时、准确地查清事故原因，查明事故性质和责任，总结事故教训，提出整改措施，并对事故责任者提出处理意见。做到事故原因不清楚不放过，事故责任者和应受教育者没有受到教育不放过，没有采取防范措施不放过，事故责任者没有受到处罚不放过（简称"四不放过"）。

第三节　作业现场的安全要求

一、作业现场的基本条件

（1）作业现场的生产条件和安全设施等应符合有关标准、规范的要求，工作人员的劳动防护用品应合格、齐备。

（2）经常有人工作的场所及施工车辆上宜配备急救箱，存放急救用品，并应指定专人经常检查、补充或更换。

（3）现场使用的安全工器具应合格并符合有关要求。

（4）各类作业人员应被告知其作业现场和工作岗位存在的危险因素、防范措施及事故紧急处理措施。

二、作业人员的基本条件

（1）经医师鉴定，无妨碍工作的病症（体格检查每两年至少一次）。

（2）具备必要的电气知识和业务技能，且按工作性质，熟悉《电力安全工作规程》的相关部分，并经考试合格。

（3）具备必要的安全生产知识，学会紧急救护法，特别要学会触电急救。

（4）特种作业人员必须按照国家有关规定，经专门的安全作业培训、取得特种作业操作资格证书。

三、一般安全要求

（1）新参加电气工作的人员，应经过安全知识教育后，方可下现场参加指定的工作，并且不得单独工作。

（2）生产现场作业人员应穿棉质工作服，不得穿化纤类服装。严禁穿拖鞋进入生产现场。女工禁止穿裙子、高跟鞋进入现场。

（3）进入生产现场，应正确佩戴安全帽。

（4）工作票所列班组成员必须尽到以下安全责任：①熟悉工作内容、工作流程，掌握安全措施，明确工作中的危险点，并履行确认手续。②严格遵守安全规章制度、技术规程和劳动纪律，对自己在工作中的行为负责，互相关心工作安全，并监督执行和现场安全措施的实施。③正确使用安全工器具和劳动防护用品。

（5）进入带电区域，人体与带电设备的距离不得小于规定的安全距离。

（6）在发生人身触电事故时，可以不经许可，即行断开有关设备的电源，但事后应立即报告调度（或设备运行管理单位）和上级部门。

（7）在带电设备周围禁止使用钢卷尺、皮卷尺和线尺（夹有金属丝者）进行测量工作。

（8）在户外变电站和高压室内搬动梯子、管子等长物，应两人放倒搬运，并与带电部分保持足够的安全距离。

（9）在变、配电站（开关站）的带电区域内或临近带电线路处，禁止使用金属梯子。

（10）使用单梯工作时，梯与地面的倾斜角度为60°。梯子不宜绑接使用。人字梯应有限制开度的措施。人在梯子上时，禁止移动梯子。

（11）遇有电气设备着火时，应立即将有关设备的电源切断，然后进行救火。

（12）使用金属外壳的电气工具时应戴绝缘手套。

（13）电焊机的外壳必须可靠接地。

（14）使用中的氧气瓶和乙炔气瓶应垂直放置并固定起来，氧气瓶和乙炔气瓶的距离不得小于5m，气瓶的放置地点，不准靠近热源，应距明火10m以外。

（15）凡在坠落高度基准面2m及以上的高处进行的作业，都应视作高处作业。高处作业均应先搭设脚手架、使用高空作业车、升降平台或采取其他防止坠落措施，方可进行。在没有脚手架或者在没有栏杆的脚手架上工作，高度超过1.5m时，应使用安全带，或采取其他可靠的安全措施。

（16）安全带和专做固定安全带的绳索在使用前应进行外观检查。安全带应定期抽查检验，不合格的不准使用。安全带的挂钩或绳子应挂在结实牢固的构件上，或专为挂安全带用的钢丝绳上，并应采用高挂低用的方式。禁止挂在移动或不牢固的物件上（如隔离开关支持绝缘子、CVT绝缘子、母线支柱绝缘子、避雷器支柱绝缘子等）。

（17）高处作业应一律使用工具袋。较大的工具应用绳拴在牢固的构件上，工件、边角余料应放置在牢靠的地方或用铁丝扣牢并有防止坠落的措施，不准随便乱放，以防止从高空坠落发生事故。

（18）在进行高处作业时，除有关人员外，不准他人在工作地点的下面通行或逗留，工作地点下面应有围栏或装设其他保护装置，防止落物伤人。如在格栅式的平台上工作，为了防止工具和器材掉落，应采取有效隔离措施，如铺设木板等。禁止将工具及材料上下投掷，应用绳索拴牢传递，以免打伤下方工作人员或击毁脚手架。

四、变电作业安全要求

（1）新参加工作的人员，没有实际工作经验，不允许担任运行值班负责人或单独值班。

（2）无论高压设备是否带电，工作人员不得单独移开或越过遮栏进行工作；若有必要移开遮栏时，应有监护人在场，并保持规定的安全距离。

（3）新人员未经批准不允许单独巡视高压设备。

（4）雷雨天气，需要巡视室外高压设备时，应穿绝缘靴，并不得靠近避雷器和避雷针。雷雨天进入设备区，不得打雨伞，应穿雨衣。

（5）火灾、地震、台风、冰雪、洪水、泥石流、沙尘暴等灾害发生时，如需要对设备进行巡视时，应制定必要的安全措施，得到设备运行单位分管领导批准，并至少两人一组，巡视人员应与派出部门之间保持通信联络。

（6）高压设备发生接地时，室内不得接近故障点4m以内，室外不得接近故障点8m以内。进入上述范围人员应穿绝缘靴，接触设备的外壳和构架时，应戴绝缘手套。

（7）巡视室内设备，应随手关门。

（8）在高压设备上工作，应至少由两人进行，并完成保证安全的组织措施和技术措施。

（9）雷电时，一般不进行倒闸操作，禁止在就地进行倒闸操作。

（10）装卸高压熔断器，应戴护目眼镜和绝缘手套，必要时使用绝缘夹钳，并站在绝缘垫或绝缘台上。

（11）工作许可手续完成后，工作负责人、专责监护人应向工作班成员交代工作内容、人员分工、带电部位和现场安全措施，进行危险点告知，并履行确认手续，工作班方可开始工作。所有工作人员（包括工作负责人）不许单独进入、滞留在高压室和室外高压设备区内。

（12）在未办理工作票终结手续以前，任何人员不准将停电设备合闸送电。

（13）严禁工作人员擅自移动或拆除接地线，禁止任何人越过围栏。

（14）工作人员进入SF6配电装置室，入口处若无SF6气体含量显示器，应先通风15min，并用检漏仪测量SF6气体含量合格。尽量避免一人进入SF6配电装置室进行巡视，不准一人进入从事检修工作。

（15）在继电保护、安全自动装置及自动化监控系统屏间的通道上搬运或安放试验设备时，不能阻塞通道，要与运行设备保持一定距离，防止事故处理时通道不畅，防止误碰运行设备，造成相关运行设备继电保护误动作。清扫运行设备和二次回路时，要防止振动，防止误碰，要使用绝缘工具。

（16）二次回路通电或耐压试验前，应通知运行人员和有关人员，并派人到现场看守，检查二次回路及一次设备上确无人工作后，方可加压。

（17）高压试验现场应装设遮栏或围栏，遮栏或围栏与试验设备高压部分应有足够的安全距离，向外悬挂"止步，高压危险！"的标示牌，并派人看守。高压试验工作人员在全部加压过程中，应精力集中，随时警戒异常现象发生，操作人应站在绝缘垫上。

（18）变电站内外工作场所的井、坑、孔、洞或沟道，应覆以与地面齐平而坚固的盖板。在检修工作中如需将盖板取下，应设临时围栏。临时打的孔、洞，施工结束后，应恢复原状。

（19）变电站内外的电缆，在进入控制室、电缆夹层、控制柜、开关柜等处的电缆孔洞，应用防火材料严密封闭。

（20）高压配电室、主控室、保护室、电缆室、蓄电池室装设的防小动物档板不得随意取下。

（21）进行下列作业时，应采取防止静电感应、电击的措施：①攀登构架或设备；②传递非绝缘的工具、非绝缘材料；③2人以上抬、搬物件；④拉临时试验线戴其他导线以及拆装接头；⑤手持非绝缘物件不应超过本人的头顶。

（22）做断路器、隔离开关、有载调压装置等主设备远方传动试验时，主设备处应设专人监视，并有通信联络或就地紧急操作的措施。

（23）测量二次回路的绝缘电阻时，应切断被试系统的电源，其他工作应暂停。

五、线路作业安全要求

（1）单独巡线人员应考试合格并经工区（公司、所）分管生产领导批准。电缆隧道、偏僻山区和夜间巡线应由两人进行。汛期、暑天、雪天等恶劣天气巡线，必要时由两人进行。单人巡线时，禁止攀登电杆和铁塔。

（2）遇有火灾、地震、台风、冰雪、洪水、泥石流、沙尘暴等灾害发生时，如需对线路进行巡视，应制定必要的安全措施，并得到设备运行管理单位分管领导批准。巡视应至少两人一组，并与派出部门之间保持通信联络。

（3）雷雨、大风天气或事故巡线，巡视人员应穿绝缘鞋或绝缘靴；汛期、暑天、雪天等恶劣天气和山区巡线应配备必要的防护用具、自救器具和药品；夜间巡线应携带足够的照明工具。

（4）夜间巡线应沿线路外侧进行；大风时，巡线应沿线路上风侧前进，以免万一触及断落的导线；特殊巡视应注意选择路线，防止洪水、塌方、恶劣天气等对人的伤害。巡线时禁止泅渡。

（5）事故巡线应始终认为线路带电。即使明知该线路已停电，亦应认为线路随时有恢复送电的可能。

（6）巡线人员发现导线、电缆断落地面或悬挂空中，应设法防止行人靠近断线地点8m以内，以免跨步电压伤人，并迅速报告调度和上级，等候处理。

（7）砍剪树木时，应防止马蜂等昆虫或动物伤人。上树时，不应攀抓脆弱和枯死的树枝，并使用安全带。安全带不准系在待砍剪树枝的断口附近或以上。不应攀登已经锯过或砍过的未断树木。

（8）砍剪树木应有专人监护。待砍剪的树木下面和倒树范围内不准有人逗留，城区、人口密集区应设置围栏，防止砸伤行人。

（9）树枝接触或接近高压带电导线时，应将高压线路停电或用绝缘工具使树枝远离带电导线至安全距离。此前禁止人体接触树木。

（10）登杆塔和在杆塔上工作时，每基杆塔都应设专人监护。作业人员登杆塔前应核对停电检修线路的识别标记和双重名称无误后，方可攀登。

（11）攀登杆塔作业前，应先检查根部、基础和拉线是否牢固。遇有冲刷、起土、上拔或导地线、拉线松动的杆塔，应先培土加固，打好临时拉线或支好架杆后，再行登杆。

（12）上横担进行工作前，应检查横担连接是否牢固和腐蚀情况，检查时安全带（绳）应系在主杆或牢固的构件上。

（13）登杆塔前，应先检查登高工具、设施，如脚扣、升降板、安全带、梯子和脚钉、爬梯、防坠装置等是否完整牢靠。禁止携带器材登杆或在杆塔上移位。禁止利用绳索、拉线上下杆塔或顺杆下滑。攀登有覆冰、积雪的杆塔时，应采取防滑措施。

（14）作业人员攀登杆塔、杆塔上转位及杆塔上作业时，手扶的构件应牢固，不准失去安全保护，并防止安全带从杆顶脱出戴被锋利物损坏。

（15）在杆塔上作业时，应使用有后备绳或速差自锁器的双控背带式安全带，当后保护绳超过3m应使用缓冲器。安全带和保护绳应分挂在杆塔不同部位的牢固构件上。后备保护绳不准对接使用。

（16）在杆塔上作业，工作点下方应按坠落半径设围栏或其他保护措施。杆塔上下无法避免垂直交叉作业时，应做好防落物伤人的措施，作业时要相互照应，密切配合。

（17）在杆塔上水平使用梯子时，应使用特制的专用梯子。工作前应将梯子两端与固定物可靠连接，一般应由一人在梯子上工作。

（18）在相分裂导线上工作时，安全带（绳）应挂在同一根子导线上，后备保护绳应挂住整相导线。

六、施工安全要求

（1）不应将施工现场设置的各种安全设施擅自拆、挪或移作他用。如确实因施工需要，应征得该设施管理单位同意，并办理相关手续，采取相应的临时措施，事后应及时恢复。

（2）下坑井、隧道或深沟内工作前，应先检查其内是否积聚有可燃或有毒等气体，如有异常，应认真排除，在确认可靠后，方可进入工作。

（3）施工场所应保持整洁，在施工区域宜设置集中垃圾箱。垃圾或废料应及时清除，做到"工完、料尽、场地清"。在高处清扫的垃圾或废料，不得向下抛掷。

（4）材料、设备应按施工总平面布置规定的地点堆放整齐，并符合搬运及消防的要求。堆放场地应平坦、不积水，地基应坚实。现场拆除的模板、脚手杆以及其他剩余材料、设备应及时清理回收，集中堆放。

（5）各类脚手杆、脚手板、紧固件以及防护用具等均应存放在干燥、通风处，并符合防腐、防火等要求。新工程开工或间歇性复工前应对其进行检查，合格者方可使用。

（6）易燃、易爆及有毒物品等应分别存放在与普通仓库隔离的专用库内，并按有关规定严格管理。汽油、酒精、油漆及稀释剂等挥发性易燃材料应密封存放。

（7）电气设备、材料的保管与堆放应符合下列要求：①瓷质材料拆箱后，应单层排列整齐，并采取防碰措施，不得堆放。②绝缘材料应存放在有防火、防潮措施的库房内。③电气设备应分类存放，放置稳固、整齐，不得堆放。重心较高的电气设备在存放时应有防止倾倒的措施。有防潮标志的电气设备应做好防潮措施。④易漂浮材料、设备包装物应及时清理。

（8）禁止与工作无关人员在起重工作区域内行走或停留。

（9）起重机吊物上不许站人，禁止作业人员利用吊钩来上升或下降。

（10）任何人不得在桥式起重机的轨道上站立或行走。

（11）使用油压式千斤顶时，任何人不得站在安全栓的前面。

（12）操作链条葫芦时，人员不得站在链条葫芦的正下方。

（13）在进行高处作业时，除有关人员外，不准他人在工作地点的下面通行或逗留。

（14）在超过1.5m深的基坑内作业时，向坑外抛掷土石应防止土石回落坑内，并做好临边防护措施。作业人员不准在坑内休息。

（15）立、撤杆应设专人统一指挥。开工前，要交代施工方法、指挥信号和安全组织、技术措施，工作人员要明确分工、密切配合、服从指挥。在居民区和交通道路附近立、撤杆时，应具备相应的交通组织方案，并设警戒范围或警告标志，必要时派专人看守。

（16）杆塔上有人时，不准调整或拆除拉线。

（17）新立杆塔在杆基未完全牢固或做好临时拉线前，禁止攀登。

（18）遇有五级（风速8m/s）及以上阵风或暴雨、雷电、冰雹、大雪、大雾、沙尘暴等恶劣气候时，应停止露天高处作业。特殊情况下，确需在恶劣气候中进行施工时，应组织讨论采取必要的安全措施，经本单位总工程师批准后方可进行。

（19）夏季、雨汛期施工。①雨季前应做好防风、防雨、防洪、防滑坡等准备工作。现场排水系统应整修畅通，必要时应筑防汛堤。②各种高大建筑及高架施工机具的避雷装置均应在雷雨季前进行全面检查，并进行接地电阻测定。③台风和汛期到来之前，施工现场和生活区的临建设施以及高架机械均应进行修缮和加固，防汛器材应及早准备。④暴雨、台风、汛期后，应对脚手架、机电设备、电源线路等进行检查并及时修理加固。险情严重的应立即排除。⑤机电设备及配电系统应按有关规定进行绝缘检查和接地电阻测定。⑥夏季应做好防暑降温工作，合理安排作业时间。

（20）冬季施工。①入冬之前，对消防设施应进行全面检查。对消防设施及施工用水外露管道，应做好保温防冻措施。②对取暖及冬季混凝土保温设施应进行全面检查。使用明火应防止一氧化碳中毒，并加强用火管理，及时清除火源周围的易燃物。使用蒸汽、电加热等应做好防止烫伤、触电等安全防护措施。③现场道路及脚手架、跳板和走道等，应及时清除积水、积霜、积雪并采取防滑措施。④施工机械及汽车的水箱应予保温。油箱或容器内的油料冻结时，应采用热水或蒸汽化冻，严禁用火烤化。⑤汽车及轮胎式机械在冰雪路面上行驶时应装防滑链。

第四节　消防安全常识

消防工作需要大家共同的关心、理解、支持和参与，只要大家群策群力，齐心协力，彻底消除火灾隐患，那么火灾就会远离我们，国家和人民的生命财产安全将会得到有力保障。

消防工作重在预防，大家应该掌握基本的防火、灭火及自救逃生常识，学会如何防火、如何灭火、如何逃生。防火工作做好了，火灾发生的概率就很小；火灾发生了，如果能够及时把它扑灭，火势就不会蔓延；掌握了一些基本的逃生常识，在火灾现场就能顺利逃生了。

一、企业消防安全常识

（1）单位应当严格遵守消防法律、法规、规章，贯彻"预防为主、防消结合"的消防工作方针，履行消防安全职责，保障消防安全。法人单位的法定代表人或者非法人单位的主要负责人是单位的消防安全责任人，对本单位的消防安全工作全面负责。单位应当落实逐级消防安全责任制和岗位消防安全责任制，明确逐级和岗位消防安全职责，确定各级、各岗位的消防安全责任人。

（2）消防安全重点单位应当设置或者确定消防工作的归口管理职能部门，并确定专职或者兼职的消防管理人员；其他单位应当确定专职或者兼职消防管理人员，可以确定消防工作的归口管理职能部门。归口管理职能部门和专兼职消防管理人员在消防安全责任人或者消防安全管理人的领导下开展消防安全管理工作。

（3）单位应当建立健全各项消防安全制度，包括消防安全教育、培训，防火巡查、检查，安全疏散设施管理，消防（控制室）值班，消防设施、器材维护管理，火灾隐患整改，用火、用电安全管理，易燃易爆危险物品和场所防火防爆等内容。

（4）火灾危险性较大的大中型企业、专用仓库以及被列为国家重点文物保护的古建筑群管理单位等应当依照国家有关规定建立专职消防队，并定期组织开展消防演练。

（5）组织制定符合本单位实际的灭火和应急疏散预案，至少每半年要组织员工进行一次逃生自救和扑救初期火灾的演练。

（6）定期对本单位的消防设施、灭火器材和消防安全标志进行维护保养，确保其完好有效。要时刻保持防火门、防火卷帘、消防安全疏散指示标志、应急照明、机械排烟送风、火灾事故广播等设施处于正常工作状态。

（7）保证疏散通道、安全出口的畅通。不得占用疏散通道或者在疏散通道、安全出口上设置影响疏散的障碍物，不得在营业、生产、工作期间封闭安全出口，不得遮挡安全疏散指示标志。

（8）禁止在具有火灾、爆炸危险的场所使用明火；因特殊情况需要进行电、气焊等明火作业的，动火部门和人员应当严格按照单位的用火管理制度办理审批手续，落实现场监护人，配置足够的消防器材，并清除动火区域的易燃、可燃物。

（9）遵守国家有关规定，对易燃易爆危险物品的生产、使用、储存、销售、运输或者销毁实行严格的消防安全管理。禁止携带火种进入生产、储存易燃易爆危险物品的场所。

（10）消防安全重点单位应当进行每日防火巡查，并确定巡查的人员、内容、部位和频次。其他单位可以根据需要组织防火巡查。防火巡查人员应当及时纠正违章行为，无法当场处置的，应当立即向有关部门报告。

（11）消防值班人员、巡逻人员必须坚守岗位，不得擅离职守。

（12）新员工上岗前必须进行消防安全培训，具有火灾危险性的特殊工种、重点岗位员工必须进行消防安全专业培训，培训率要达100%，并持证上岗。

（13）不要在宿舍、生产车间、厂房等场所乱接乱拉临时电线和私自使用电气设备，禁止超负荷用电。严禁在仓库、车间内设置员工宿舍。

（14）企业的热处理工件应堆放在安全的地方，严禁堆放在有油渍的地面和木材、纸张等易燃物品附近。

（15）褐煤、湿稻草、麦草、棉花、油菜籽、豆饼，以及粘有动、植物油的棉纱、手套、衣服、木屑以及擦拭过设备的油布等，如果长时间堆积在一起，很容易自燃而发生火灾，应勤加处理。

（16）植物堆垛应存放在干燥的地方，同时做好防潮。堆垛不宜过大，应加强通风，并设专人检测温度和湿度，防止垛内自燃或引起飞火蔓延。

（17）企业职工要做到"三懂三会"，即懂得本岗位火灾危险性、懂得基本消防常识、懂得预防火灾的措施；会报火警、会扑救初起火灾、会组织疏散人员。

（18）火灾发生后，要及时报警，不得不报、迟报、谎报火警，或者隐瞒火灾情况。拨打火警电话"119"时，要讲清起火单位、所在地区、街道、房屋门牌号码、起火部位、燃烧物质、火势大小、报警人姓名以及所使用电话的号码。报警后，应派人在路口接应，引导消防车进入火场。

（19）电器或电线着火，要先切断电源，再实施灭火，否则很可能发生触电伤人事故。

（20）穿过浓烟逃生时，要尽量使身体贴近地面，并用湿毛巾、手绢等捂住口鼻低姿前进，防止有毒烟气的危害。

（21）发生火灾后，住在比较低的楼层被困人员可以利用结实的绳索（如果找不到绳索，可将被褥、床单或结实的窗帘布等物撕成条，拧好成绳），拴在牢固的暖气管道、窗框或床架上，然后沿绳索缓缓下滑逃生。

（22）如果被困于三楼以上，千万不要急于往下跳，可以暂时转移到楼层避难间或其他比较安全的卫生间、房间、窗边或阳台上，并采取可行的自救措施。

（23）在被困房间内可用打手电筒、挥舞衣物、呼叫等方式向窗外发送求救信号，等待消防人员救援。

二、常见火灾扑救方法

（一）家庭电器起火

家里电视机或微波炉等电器突然冒烟起火，应迅速拔下电源插头，切断电源，防止灭火时触电伤亡；用棉被、毛毯等不透气的物品将电器包裹起来，隔绝空气；用灭火器灭火时，灭火剂不应直接射向荧光屏等部位，防止热胀冷缩引起爆炸。

（二）家用炉灶起火

可用灭火器直接向火源喷射；或将水倒在正燃烧的物品上，或盖上毯子后再浇一些水，火扑灭后，仍要多浇水，使其冷却，防止复燃。

（三）厨房油锅起火

这时万不能向锅里倒水，否则冷水遇到高温油，会出现炸锅，使油火到处飞溅，导致火势加大，人员伤亡。应该立即关掉煤气总阀，切断气源，然后用灭火器对准锅边儿或墙壁喷射灭火剂，使其反射过来灭火；或用大锅盖盖住油锅，或蒙上浸湿的毛巾，或倒入大量青菜，使油温降低，把火扑灭。

（四）固定家具着火

发现固定家具起火，应迅速将旁边的可燃、易燃物品移开，如果家中备有灭火器，可即拿起灭火器，向着火家具喷射。如果没有灭火器，可用水桶、水盆、饭锅等盛水扑救，争取时间，把火消灭在萌芽状态。

（五）衣服、头发着火

衣服起火，千万不要惊慌乱跑，更不要胡乱扑打，以免风助火势，使燃烧更旺，或者引燃其他可燃物品。应立即离开火场，然后就地躺倒，手护着脸面将身体滚动或将身体贴紧墙壁将火压灭；或用厚重衣物裹在身上，压灭火苗；如果附近有水池，或者正在家里，浴缸里有水，就急跳进，依靠水的冷却熄灭身上的火焰。头发着火时，也应沉着、镇定，不要乱跑。应迅速用棉质衣服或毛巾、书包等套在头上，然后浇水，将火熄灭。

（六）窗帘织物着火

火小时浇水最有效，应在火焰的上方弧形泼水；或用浸湿的扫帚拍打火焰；如果用水已来不及灭火，可将窗帘撕下，用脚踩灭。

（七）酒精溶液着火

可用沙土扑灭，或者用浸湿的麻袋、棉被等覆盖灭火。如果有抗溶性泡沫灭火器，可用来灭火。因为普通泡沫即使喷在酒精上，也无法在酒精表面形成能隔绝空气的泡沫层。所以，对于酒精等溶液起火，应首选抗溶性泡沫灭火器来扑救。

三、火灾自救常识

如果身上的衣物，由于静电的作用或吸烟不慎，引起火灾时，应迅速将衣服脱下或撕下，或就地滚翻将火压灭，但注意不要滚动太快。一定不要身穿着火衣服跑动。如果有水可迅速用水浇灭，但人体被火烧伤时，一定不能用水浇，以防感染。

如果寝室、教室、实验室、会堂、宾馆、饭店、食堂、浴池、超市等着火时，可采用以下方法逃生。

（一）毛巾、手帕捂鼻护嘴法

因火场烟气具有温度高、毒性大、氧气少、一氧化碳多的特点，人吸入后容易引起呼吸系统烫伤或神经中枢中毒，因此在疏散过程中，应采用湿毛巾或手帕捂住嘴和鼻（但毛巾与手帕不要超过六层厚）。注意：不要顺风疏散，应迅速逃到上风处躲避烟火的侵害。由于着火时，烟气太多聚集在上部空间，向上蔓延快、横向蔓延慢的特点，因此在逃生时，不要直立行走，应弯腰或匍匐前进，但石油液化气或城市煤气火灾时，不应采用匍匐前进方式。

（二）遮盖护身法

将浸湿的棉大衣、棉被、门帘子、毛毯、麻袋等遮盖在身上，确定逃生路线后，以最快的速度直接冲出火场，到达安全地点，但注意捂鼻护口，防止一氧化碳中毒。

（三）封隔法

如果走廊或对门、隔壁的火势比较大，无法疏散，可退入一个房间内，可将门缝用毛巾、毛毯、棉被、褥子或其他织物封死，防止受热，可不断往上浇水进行冷却。防止外部火焰及烟气侵入，从而达到抑制火势蔓延速度、延长时间的目的。

（四）卫生间避难法

发生火灾时，实在无路可逃时，可利用卫生间进行避难。因为卫生间湿度大、温度低，可用水泼在门上、地上，进行降温，水也可从门缝处向门外喷射，达到降温或控制火势蔓延的目的。

（五）多层楼着火逃生法

如果多层楼着火，因楼梯的烟气火势特别猛烈时，可利用房屋的阳台、雨篷逃生，也可利用绳索、消防水带，或床单撕成条连接代替，将其一端紧拴在牢固采暖系统的管道或其他重物上，顺着绳索滑下。

（六）被迫跳楼逃生法

如无条件采取上述自救办法，而时间又十分紧迫，烟火威胁严重，被迫跳楼时，低层楼可采用此方法逃生。首先向地面上抛下一些厚棉被、沙发垫子，以增加缓冲，然后手扶窗台往下滑，以缩小跳楼高度，并保证双脚首先落地。

第五章 电力安全工器具基本知识、维护与管理

第一节 电力安全工器具基本知识

"电力安全工器具"是指为防止触电、灼伤、坠落、摔跌等事故，保障工作人员人身安全的各种专用工具和器具。安全工器具分类见表5-1。

表5-1 安全工器具分类

类型	名称
基本绝缘安全工器具	验电器、绝缘杆、绝缘隔板、绝缘罩、携带型短路接地线、个人保安接地线、核相器等
辅助绝缘安全工器具	绝缘手套、绝缘靴（鞋）、绝缘垫（台）
防护性安全工器具	安全帽、安全带、梯子、安全绳、脚扣、防静电服（静电感应防护服）、防电弧服、导电鞋（防静电鞋）、安全自锁器、速差自控器、防护眼镜、过滤式防毒面具、正压式消防空气呼吸器、SF6 气体检漏仪、氧量测试仪、耐酸手套、耐酸服及耐酸靴等
警示标志	安全围栏、安全标示牌、安全色

一、低压验电器

最常见的低压验电器是低压验电笔。

（一）低压验电笔工作原理

1. 普通低压验电笔

普通低压验电笔是检修人员或电工随身携带的常用辅助安全工具，主要用来检查220 V 及以下低压带电导体或电气设备及外壳是否带电，其特点是直观方便。

普通低压验电笔有多种样式，但基本结构和工作原理都一样。

普通低压验电笔前端为金属探头后端也有金属挂钩或金属接触片等，以便使用时用于接触待测设施。中间绝缘管内装有发光氖泡、电阻及压紧弹簧，外壳为透明绝缘体。

普通低压验电笔的工作原理：当测试带电体时，金属探头触及带电导体，并用手触及验电笔后端的金属挂钩或金属片，此时电流路径是通过验电笔端、氖泡、电阻、人体和大地形成回路而使氖泡发光。

只要带电体与大地之间存在一定的电位差（通常在60V 以上），验电笔就会发出辉光。如果氖泡不亮，则表明该物体不带电；若是交流电，氖泡两极发光；若是直流电，则只有一极发光。

2. 数字式验电笔

数字式验电笔，它由笔尖（工作触头）、笔身、指示灯、电压显示、电压感应通电检测按钮、电压直接检测按钮、电池等组成，适用于检测12～220V交直流电压和各种电器。

数字式验电笔除了具有氖管式验电笔通用的功能，还有以下特点：

（1）当右手指按断点检测按钮，并将左手触及笔尖时，若指示灯亮，则表示正常工作；若指示灯不亮，则应更换电池。

（2）测试交流电时，切勿按电子感应按钮。将笔尖插入相线孔时指示灯亮，则表示有交流电；需要电压显示时，则按检测按钮最后显示数字为所测电压值；未到高段显示值75％时，显示低段值。

（二）检查使用与注意事项

（1）测试前应在带电体上进行校核，确认验电笔良好，以防做出错误判断。

（2）严禁戴线手套持验电笔在低压线路或设备上验电。

（3）验电时，持验电笔的手一定要触及金属片部分；验电时，若手指不接触验电笔端金属部分，则可能出现氖泡不能点亮的情况；如果验电时戴手套，即使电路有电，验电笔也不能正常显示。

（4）避免在光线明亮处观察氖泡是否起辉，以免因看不清而误判。

（5）在有些情况下，特别是测试仪表，往往因感应而带电，某些金属外壳也会有感应电。在这种情况下，用验电笔测试有电，不能作为存在触电危险的依据。因此，还必须采用其他方法（例如用万用表测量）确认其是否真正带电。

（6）严禁不使用验电笔验电，而用手背触碰导体验电的错误方法。

（7）验电前必须检查电源开关或隔离开关（刀闸）确已断开，并有明显可见的断开点。

（8）严禁用低压验电笔去验已停电的高压线路或设备。

二、高压验电器

高压验电器是用于额定频率为50Hz，电压等级为10kV、35kV、110kV、220kV的交流电压作直接接触式验电的专用工器具，它是发电、输电、配电、变电系统、工矿企业的电气操作检修人员用于验证运行中线路和设备有无电压的理想安全工器具。高压验电器按照型号可分为声光型、语言型、防雨型、风车式等。

（一）高压验电器工作原理

高压验电器具有声、光和机械旋转信号报警指示功能。

1. 声光报警高压验电器

声光报警高压验电器可伸缩收藏，操作杆器身部分由环氧树脂玻璃钢管制造，产品结构一体，使用存放方便。

2. 旋转感应式高压验电器

感应式高压验电器上部是一个金属球（或者用金属板），它和金属杆相连接，金属杆穿过橡皮塞，其下端挂两片极薄的金属箔，封装在玻璃瓶内。检验时，把物体与金属球接触，如果物体带电，就有一部分电荷传到两片金属箔上，金属箔由于带了同种电荷，彼此排斥而张开，所带的电荷越多，张开的角度越大；如果物体不带电，则金属箔不动。

（二）检查使用及操作注意事项

1. 使用前检查

（1）使用前应进行外观检查，验电器的工作电压应与被测设备的电压相同，验电前应选用电压等级合适的高压验电器。用毛巾轻擦高压验电器去除污垢和灰尘，检查表面无划伤、无破损和裂纹，绝缘漆无脱落，保护环完好。

（2）验电操作前应先进行自检试验。用手指按下试验按钮，检查高压验电器灯光、音响报警信号是否正常，声音是否正常。若自检试验无声光指示灯和音响报警时，不得进行验电。当自检试验不能发声和光信号报警时，应检查电池是否完好。更换电池时应注意正负极不能装反。

（3）检查高压验电器电气试验合格证是否在有效试验合格期内。注意：千万不要将厂家出厂合格证误认为是电气试验合格证，严禁将厂家出厂合格证作为验电器合格可以使用的依据。

（4）非雨雪型验电器不得在雷、雨、雪等恶劣天气时使用。在遇雷电、雨天时，应禁止验电。

（5）使用抽拉式验电器时，绝缘杆应完全拉开，验电时必须有两人一起进行，一人验电一人监护。操作人应戴绝缘手套，穿绝缘靴（鞋），手握在护环下侧握柄部分。人体与带电部分应保持足够的安全距离，具体值见表5-2。

表5-2　设备不停电时人体与带电部分应保持的安全距离

电压等级/kv	安全距离/m	电压等级/kv	安全距离/m
10及以下（13.8）	0.70	750	7.20
20、35	1.00	1000	8.70
63（66）、110	1.50	±50及以下	1.50
220	3.00	±500	6.00
330	4.00	±660	8.40
500	5.00	±800	9.30

（6）验电前，应先在有电设备上进行试验，确认验电器良好，也可用高压验电发生器检验验电器音响报警信号是否完好。

2. 操作注意事项

（1）无法在有电设备上进行试验时，可用高压发生器等确证验电器良好。如在木杆、木梯或木架上验电，不接地不能指示者，经运行值班负责人或工作负责人同意后可在验电器绝缘杆尾部接上接地线。

（2）验电时要特别注意高压验电器器身与带电线路或带电设备间的距离。

三、绝缘操作杆

绝缘操作杆是用于短时间对带电设备进行操作或测量的绝缘工具，如接通或断开高压隔离开关、柱上断路器、跌落式熔断器等。

绝缘操作杆由合成材料制成，一般分为工作部分、绝缘部分和手握部分。

（一）结构

绝缘操作杆又称拉闸杆或令克棒，其材料采用绝缘性能及机械强度好、质量轻，并经防潮处理的优质环氧树脂管。绝缘操作杆扩展连接方便，选择性强，连接形式多样，可以灵活组合。按长度与节数可分为三节 3m、三节 4m、四节 4m、三节 4.5m、四节 4.5m、四节 5m、五节 5m、四节 6m、五节 6m。分节处采用螺旋接口，最长可做到 10m，可分节装袋，携带方便。伸缩绝缘操作杆还可根据使用空间伸缩定位到任意长度，有效地克服了接口式拉闸杆因长度固定而使用不便的缺点。

操作杆端部金属接头采用内嵌式结构，连接牢固，安全可靠。

（二）绝缘操作杆的组成

绝缘操作杆由三部分组成。

（1）工作部分：大多由金属材料制成，样式因功能不同而不同，但均安装在绝缘部分的上面。

（2）绝缘部分：起到绝缘隔离作用，一般由电木、胶木塑料带、环氧玻璃布管等绝缘材料制成。

（3）手握部分：用与绝缘部分相同的材料制成。

（三）对绝缘操作杆的要求

为保证操作时有足够的绝缘安全距离，绝缘操作杆的绝缘部分长度不得小于 0.7m，材料要求耐压强度高、耐腐蚀、耐潮湿、机械强度大、质量轻、便于携带，节与节之间的连接牢固可靠，不得在操作中脱落。

（四）检查使用注意事项

（1）使用绝缘操作杆前应选择与电气设备电压等级相匹配的操作杆，应检查绝缘杆的堵头，如发现破损应禁止使用。

（2）用毛巾擦净灰尘和污垢，检查绝缘操作杆外表，绝缘部分不能有裂纹、划痕、绝缘漆脱落等外部损伤，绝缘操作杆连接部分完好可靠，绝缘杆上制造厂家、生产日期、适用额定电压等标记是否准确完整。

（3）检查绝缘操作杆试验合格证是否在有效试验合格期内，超过试验周期严禁使用。

（4）在连接绝缘操作杆的节与节的丝扣时，要离开地面，以防杂草、土进入丝扣中或粘在杆体的表面上，拧紧丝扣。

（5）操作时必须戴绝缘手套。雨雪天气在户外操作电气设备时，操作杆的绝缘部分应有防雨罩。罩的防雨部分应与绝缘部分紧密结合，无渗漏现象，使用时要尽量减少对杆体的弯曲力以防损坏杆体。使用绝缘杆时人体应与带电设备保持足够的安全距离，并注意防止绝缘杆被设备接地部分或进行倒闸操作时意外短接，以保持有效的绝缘长度。

（6）使用后要及时将杆体表面的污迹擦拭干净，并把各节分解后装入一个专用的工具袋内。

四、绝缘隔板、绝缘罩

绝缘隔板是由绝缘材料制成，用于隔离带电部件、限制工作人员活动范围的绝缘平板。绝缘罩也是由绝缘材料制成，用于遮蔽带电导体或非带电导体的保护罩。

绝缘罩一般采用 PE、PVC 等高分子树脂材料制成，是代替环氧隔板的理想的安全隔离工具。绝缘罩采用 PE 高分子树脂材料一次热高压成型，绝缘性能优良，且有较高的机械冲击强度。

绝缘罩还可用于电力设备的配电变压器、柱上断路器、真空断路器、六氟化硫等设备及各类穿墙套管、母线、户外母线桥、户内母线桥和各种支柱绝缘子、绝缘、保护以及各种接头、线夹、互感器、主变低压侧套管绝缘端子保护。还可根据需要做成各类户外开关、TA、气体继电器防雨帽、各类线路绝缘子防鸟罩等用于防止小动物事故的绝缘保护罩，能有效杜绝因小动物、鸟害造成的设备短路和接地事故。

（一）使用要求

为防止隔离开关闭锁失灵或隔离开关拉杆锁销自动脱落误合刀闸造成事故，常以绝缘隔板或绝缘罩将高压隔离开关静触头与动触头隔离。

绝缘隔板只允许在 35kV 及以下电压等级的电气设备上使用，并应有足够的绝缘和机械强度。

用于 10kV 电压等级时，绝缘隔板的厚度不应小于 3mm，用于 35kV 电压等级时不应小于 4mm。

然而，绝缘板在使用时容易受潮，安装容易滑落。现场工作时，未发现已受潮的绝缘隔板极易造成严重的设备事故。如有一变电站检修预试时，工作人员在将绝缘隔板放在高压隔离开关动、静触头之间时（绝缘隔板已受潮），此时，瞬间弧光四起，引起高压隔离开关三相弧光短路，设备严重损坏。

（二）检查使用及注意事项

使用绝缘隔板和绝缘罩前应确保其表面洁净、端面不得有分层或开裂，还应检查绝缘罩内外是否整洁，应无裂纹或损伤。现场带电安放绝缘挡板及绝缘罩时，应戴绝缘手套，用绝缘杆操作。绝缘隔板在放置和使用中要防止脱落，必要时可用绝缘绳索将其固定。有倒送电可能的，应考虑在出线侧隔离开关装用绝缘罩。

五、携带型接地线

（一）接地线的作用

携带型接地线，它是用于防止电气设备、电力线路突然来电，消除感应电压，放尽剩余电荷的临时接地装置。

装设接地线是防止工作地点突然来电的唯一可靠安全措施，同时也是消除停电设备残存电荷或感应电荷的有效措施。

对于可能送电至停电设备的各方面都应装设接地线或合上接地刀闸（装置），所装接地线与带电部分应考虑接地线摆动时仍符合安全距离的规定。因此,要正确使用接地线,必须规范装挂和拆除接地线的行为,自觉遵守《电力安全生产规程》,严格执行标准化作业,才能避免由于接地线装设错误而引起的人身伤害事故。

装挂接地线是一项重要的电气安全技术措施,保证工作人员生命安全的最后屏障,千万不可马虎大意。实际工作中,接地线使用频繁且操作简单,往往容易使人产生麻痹思想,忽视正确使用接地线的重要性,以致降低甚至失去接地线的安全保护作用,必须引起足够重视。

(二)使用要求

成套接地线应用由透明护套的多股软铜线组成,其截面不得小于 $25mm^2$,同时应满足装设地点短路电流的要求,严禁使用其他金属线代替接地线或短路线。接地线透明外护层厚度要大于1mm。

接地线的两端线夹应保证接地线与导体和接地装置接触良好、拆装方便,有足够的机械强度,并在大短路电流通过时不致松动。

接地线使用前,应进行外观检查,如发现绞线松股、断股、护套严重破损、夹具断裂松动等不得使用。

接地线应使用专用的线夹固定在导体上,禁止用缠绕的方法进行接地或短路。

(三)检查使用及注意事项

1. 检查接地线

(1)使用前,必须检查软铜线无断股断头,外护套完好,各部分连接处螺栓紧固无松动,线钩的弹力正常,不符合要求应及时调换或修好后再使用。

(2)检查接地线绝缘杆外表无脏污,无划伤,绝缘漆无脱落。

(3)检查接地线试验合格证是否在有效试验合格期内。

2. 装、拆接地线注意事项

(1)装挂接地线前必须先验电,严禁习惯性违章行为。

(2)装设接地线时,应戴绝缘手套,穿绝缘靴或站在绝缘垫上,人体不得碰触接地线或未接地的导线,以防止触电伤害。

(3)装设接地线,应先装设接地线接地端,后接导线端。接地点应保证接触良好,其他连接点连接可靠,严禁用缠绕的方法进行连接。

(4)拆接地线的顺序与装设时相反。

(5)装、拆接地线应做好记录,交接班时应交代清楚。

(四)个人保安线

工作地段如有邻近、平行、交叉跨越及同杆塔架设线路,为防止停电检修线路上感应电压伤人,在需要接触或接近导线工作时,应使用个人保安线。

个人保安线(俗称"小地线")用于防止感应电压危害的个人用接地装置。个人保安线应使用有透明护套的多股软铜线制作,截面面积不得小于 $16mm^2$ 且应带有绝缘手柄或绝缘部件。禁止用个人保安线代替接地线。个人保安线检查方法同接地线。

个人保安线仅作为预防感应电使用，不得以此代替《电力安全生产规程》规定的工作接地线。只有在工作接地线挂好后，方可在工作导线上挂个人保安线。个人保安线应在杆塔上接触或接近导线的作业开始前挂接，作业结束脱离导线后拆除。装设时应先接接地端，后接导线端，且接触良好，连接可靠。拆个人保安线的顺序与此相反。

个人保安线由工作人员自行携带，凡在 110kV 及以上同杆塔并架或相邻的平行有感应电的线路上停电工作，应在工作线上使用个人保安线，并不准采用搭连虚接的方法接地。在杆塔或横担接地通道良好的条件下，个人保安线接地端允许接在杆塔或横担上。

工作结束时工作人员应拆除所挂的个人保安接地线。

六、核相器

（一）作用

不同的电网要并网运行时，除并网电压相同、周波一致外，还要求相位必须相同。核相器是一种既方便又简单的确定两个电网（发电机组）相位是否相同的工具。

核相器可以分别在 6kV、10kV、35kV、110kV、220kV、330kV、500kV 系统进行核试验，核相器绝缘管采用高性能绝缘材料，相位校验仪表采用塑料外壳配合活动支架，可方便地将相位校验仪在绝缘管上灵活地改变观看角度，使用安装简便易行。

目前的核相器可分为两大类：一是无线核相器；二是有线核相器。

（二）原理简介

两个不同相位的高电压电源信号，通过绝缘杆中的衰减电阻转换成弱电压信号进入核相仪表，仪表内数字集成电路将电压信号转换成为数字信号并显示，再由仪表内识别电路自动识别出被测信号是否相同，驱动语音电路发出相应语言，并发出灯光。

无线核相仪应用于电力线路、变电所的相位校验和相序校验，具有核相、测相序、验电等功能。具备很强的抗干扰性，符合（EMC）标准要求，适应各种电磁场干扰场合。被测高电压相位信号由采集器取出，经过处理后直接发射出去。由接收器接收并进行相位比较，对核相后的结果定性。因核相器是无线传输，真正达到安全可靠、快速准确，适应各种核相场合。

有线高压语音数字核相器通过绝缘杆中的衰减电阻转换成弱电压信号进入核相仪表，仪表内数字集成电路将电压信号转换成为数字信号并显示，再由仪表内识别电路自动识别出被测信号是否同相，驱动语音电路发出相应语音，并发出灯光。它具有质量轻、体积小、操作简便的特点。

在没有高压核相器时，也可采用电压互感器降压后，在二次测量电压值来确定相序是否正确。

（三）操作使用注意事项

（1）使用高压核相器前，根据被测线路及电力设备的额定电压选用合适电压等级的线路核相验电仪。绝缘部分的检查与绝缘杆相同。在正式核相前，应在同一电网系统对核相器进行检测，看设备状态是否良好。检测方法是：一人将甲棒与导电体其中一相接触，另一人将乙棒在同一电网导电体逐相接触确认核相器完好后，然后才可以正式测量核相。

（2）核相操作应由三人进行，两人操作一人监护。操作时必须逐相操作，逐一记录，根据仪表指示确定是否同相位。操作时，严格按照核相器试验操作规程的要求或厂家使用说明书进行操作核相。

（3）将两杆分别接于相对应的两侧线路。当高压核相器的仪表指示接近或为零时，则两相为同相；若高压核相器的仪表指示较大时，则要多反复几次，确保准确无误后方能并列。

（4）采用电压互感器测量二次电压核相时，必须监护到位，严禁电压互感器二次回路短路。

七、绝缘手套

绝缘手套是由特种橡胶制成的，分为低压绝缘手套和高压绝缘手套。绝缘手套主要用于电气设备的带电作业和倒闸操作。

（一）技术要求

（1）绝缘手套必须具有良好的电气绝缘特性，能满足《电力安全工器具预防性试验规程》规定的耐压水平。其试验电压波形、试验条件和试验程序应符合《高电压试验技术第一部分：一般试验要求》的规定。

（2）绝缘手套受平均拉伸强度应不低于 14MPa，平均扯断伸长率应不低于 600％，拉伸永久变形不应超过 15％，抗机械刺穿力应不小于 18N/mm，并具有耐老化、耐燃性能、耐低温性能，绝缘试验合格。

（二）绝缘手套检查

（1）绝缘手套使用前应进行外观检查，用干毛巾擦净绝缘手套表面污垢和灰尘，确认绝缘手套外表无划伤，用手将绝缘手套指拽紧，确认绝缘橡胶无老化粘连，如发现有发黏、裂纹、破口（漏气）、气泡、发脆等损坏时禁止使用。

（2）佩戴前，对绝缘手套进行气密性检查，具体方法是将手套从口部向上卷，稍用力将空气压至手掌及指头部分，检查上述部位有无漏气，如有则不能使用。如有条件可用专用绝缘手套充气检查设备进行气密性试验。

（三）使用注意事项

使用绝缘手套时应将上衣袖口套入手套筒口内，衣服袖口不得暴露覆盖于绝缘手套之外，使用时要防止尖锐利物刺破损伤绝缘手套。

八、绝缘靴（鞋）

绝缘靴是由特种橡胶制成的，用于人体与地面的绝缘。绝缘靴具有较好的绝缘性和一定的物理强度，安全可靠，主要用作高压电力设备的倒闸操作，设备巡视作业时作为辅助的安全用具，特别是在雷雨天气巡视设备或线路接地的作业中，能有效防止人体受到跨步电压和接触电压的伤害。

（一）绝缘靴检查

（1）使用前应检查绝缘靴表面无外伤、无裂纹、无漏洞、无气泡、无毛刺、无划痕等缺陷，如发现有以上缺陷，应立即停止使用并及时更换。

（2）严禁将绝缘靴挪作他用。

（3）检查时注意鞋大底磨损情况，大底花纹磨掉后，则不应使用。

（4）检查绝缘靴有无试验合格证，是否在有效试验合格期内，超过试验期不得使用。

（二）使用注意事项

使用绝缘靴时，应将裤管套入靴筒内，同时，绝缘靴勿与各种油脂、酸、碱等有腐蚀性物质接触且防止锋锐金属的机械损伤，不准将绝缘靴当成一般水靴使用。

九、绝缘垫

绝缘垫是由特种橡胶制成的，用于加强工作人员对地的绝缘。绝缘垫主要用于发电厂、变电站、电气高压柜、低压开关柜之间的地面铺设，以保护作业人员免遭设备外壳带电时的触电伤害。

（一）绝缘垫规格

常见的绝缘垫厚度有：5mm、6mm、8mm、10mm、12mm；耐压等级分别为：10kV、25kV、30kV、35kV等规格。

（二）使用注意事项

使用时地面应平整，无锐利硬物。铺设绝缘垫时，绝缘垫接缝要平整不卷曲，防止操作人员在巡视设备或倒闸操作时跌倒。绝缘胶垫应保持完好，出现割裂、破损、厚度减薄，不足以保证绝缘性能等情况时，应及时更换。

十、安全帽

安全帽是防止高空坠落、物体打击、碰撞等造成伤害的主要的头部防护用具，也是进入工作现场的一种标示。任何人进入生产现场（办公室、控制室、值班室和检修班组室除外），应正确佩戴安全帽。

（一）安全帽的作用

安全帽由帽壳、帽衬、下颊带和后箍组成。帽壳呈半球形，坚固、光滑并有一定弹性，打击物的冲击和穿刺动能主要由帽壳承受，帽壳和帽衬之间留有一定空间，可缓冲、分散瞬时冲击力，从而避免或减轻对头部的直接伤害。

当作业人员头部受到坠落物的冲击时，利用安全帽帽壳和帽衬在瞬间先将冲击力分解到头盖骨的整个面积上，然后利用安全帽各部位缓冲结构的弹性变形、塑性变形和允许的结构破坏将大部分冲击力吸收，使最后作用到人员头部的冲击力降低到4900N以下，从而起到保护作业人员的头部的作用，安全帽的帽壳材料对安全帽整体抗击性能起重要的作用。

（二）检查及使用注意事项

1. 检查

合格的安全帽必须由具有生产许可证资质的专业厂家生产，安全帽上应有商标、型号、制造厂名称、生产日期和生产许可证编号。

使用安全帽前应进行外观检查，检查安全帽的帽壳、帽箍、顶衬、下颊带、后扣（或帽箍扣）等组件应完好无损，帽壳与顶衬缓冲空间在 25~50mm。

2. 安全帽使用期限

安全帽的使用期，从产品制造完成之日起计算：植物枝条编织帽不超过两年；塑料帽、纸胶帽不超过两年半；玻璃钢（维纶钢）橡胶帽不超过三年半。对到期的安全帽，应进行抽查测试，合格后方可使用，以后每年抽检一次，抽检不合格，则该批安全帽报废。

3. 佩戴

使用时，首先应将内衬圆周大小调节到使头部稍有约束感，但不难受的程度，以不系下颊带低头时安全帽不会脱落为宜。佩戴安全帽必须系好下颊带，下颊带应紧贴下颊，松紧以下颊有约束感，但不难受为宜。

安全帽戴好后，应将后扣拧到合适位置（或将帽箍扣调整到合适的位置），锁好下颊带，防止工作中前倾后仰或其他原因造成滑落。

严禁不规范使用安全帽，如戴安全帽不系扣带或者不收紧，有的将扣带放在帽衬内，有的安全帽后箍不按头型调整箍紧，有的把安全帽当作小板凳坐或当工具袋使用，甚至使用损坏的或不合格的安全帽等违章行为。

十一、安全带（绳）

安全带是预防高处作业人员坠落伤亡的个人防护用品，由腰带、围杆带、金属配件等组成。安全绳是安全带上面的保护人体不坠落的系绳，安全带的腰带和保险带、绳应有足够的机械强度，材质应有耐磨性，卡环（钩）应具有保险装置。

（一）使用期限

安全带使用期一般为 3~5 年，发现异常应提前报废。

（二）使用注意事项

（1）使用安全带前应进行外观检查，检查组件完整、无短缺、无伤残破损。

（2）检查绳索、编带无脆裂、断股或扭结。

（3）检查金属配件无裂纹、焊接无缺陷、无严重锈蚀。

（4）检查挂钩的钩舌咬口平整不错位，保险装置完整可靠。

（5）检查安全带安全钩环齐全、安全带闭锁装置完好可靠、各锐钉牢固无脱落。

（6）检查锐钉无明显偏位，表面平整。

（7）检查安全带有无试验合格证，是否在有效试验合格期内。

（三）安全带使用

（1）安全带在使用时，保险带、绳使用长度在 3m 以上的应加缓冲器。

（2）使用前，应分别将安全带、后备保护绳系于电杆上，用力向后对安全带进行冲击试验，确保腰带和保险带、绳应有足够的机械强度。

（3）工作时，安全带应系在牢固可靠的构件上，禁止系挂在移动或不牢固的物件上。不得系在棱角锋利处，安全带要高挂和平行拴挂，严禁低挂高用。

（4）在杆塔上工作时，应将安全带后备保护绳系在安全牢固的构件上。

十二、梯子

梯子是由木料、竹料、绝缘材料、铝合金等材料制作的进行登高作业的工具。

（一）检查、使用注意事项

1. 检查

（1）检查竹（木）梯有无被虫蛀损坏。

（2）检查脚踏部分竹（木）质有无变质腐朽。

（3）检查梯子各连接处是否牢固，有无松动。

（4）检查梯子有无限高标示。

（5）检查梯子防滑部分是否完好无损坏。

2. 使用

（1）梯子在安放时，其角度不小于 60°、不大于 70°，梯子应能承受工作人员携带工具攀登时的总重量。

（2）攀登梯子时必须有人撑扶，限高标示 1m 以上不得站人。不得在距梯顶两档的梯蹬上工作。同时，在梯子上使用电气工具，应做好防止感电坠落的安全措施。

（3）梯子不得接长或垫高使用。如需接长时，应用铁卡子或绳索切实卡住或绑牢并加设支撑。

（4）梯子应放置稳固，梯脚要有防滑装置。使用前，应先进行试登，确认可靠后方可使用。有人员在梯子上工作时，梯子应有人扶持和监护。

（5）人字梯应具有坚固的铰链和限制开度的拉链。

（6）靠在管子上、导线上使用梯子时，其上端需用挂钩挂住或用绳索绑牢。

（7）在通道上使用梯子时，应设监护人或设置临时围栏。梯子不准放在门前使用，必要时应采取防止门突然开启的措施。

（8）严禁人在梯子上时移动梯子，严禁上下抛递工具、材料。

（9）在变电站高压设备区或高压室内应使用绝缘材料制作的梯子，禁止使用金属梯子。

（二）搬运

在户外变电站、高压配电室内及工作地点周围有带电设备的环境搬动梯子时，应两人放倒搬运，并与带电部分保持足够的安全距离。

十三、升降板及脚扣

(一) 升降板

升降板（踩板）是电力线路单人登高作业的主要工器具之一，它具有安全可靠、能承受较重载荷，工作时站立舒适等优点，因此得到广泛应用。

1. 检查注意事项

(1) 检查升降板（踩板）脚踏板木质无腐朽、劈裂及其他机械或化学损伤。

(2) 检查绳索有无腐朽、断股和松散。

(3) 检查绳索同脚踏板固定是否牢固。

(4) 检查金属钩有无损伤及变形。

(5) 检查升降板（踩板）有无试验合格证，是否在有效试验周期内。

2. 使用注意事项

(1) 使用前，必须对升降板（踩板）进行冲击试验。方法是将升降板（踩板）挂于离地高约 300mm 处，两脚站立于升降板（踩板）上，用自身重量向下冲击，检查升降板（踩板）挂钩、绳索和木踏板的机械强度是否完好可靠。

(2) 登杆攀登时，升降板（踩板）两绳应全部放于挂钩内系紧，此时挂钩必须向上，严禁挂钩向下或反挂。

(3) 上下攀登时，要用手握住踏板挂钩下 100mm 左右处绳子进行操作，两脚上板后，左小腿绞紧左边绳来保持身体稳定，登杆过程中禁止跳跃式登杆。

(二) 脚扣

脚扣是用钢或合金材料制作的攀登电杆的工具。脚扣分为木杆型和水泥杆型两种，是配网检修人员常用的登杆工器具，它具有使用简单、操作方便的特点，在我国大部分地区已普及使用。

1. 检查注意事项

(1) 确认脚扣金属母材及焊缝无任何裂纹及可目测到的变形，检查各焊接点是否牢固，金属部分变形和绳（带）损伤者禁止使用。

(2) 确认脚扣橡胶防滑块（套）完好无破损，各螺栓紧固无松动。

(3) 检查防滑胶皮有无破裂老化，确认小爪连接牢固，活动灵活。

(4) 检查脚扣系有无损伤，确认皮带完好，无霉变、裂缝或严重变形。

(5) 检查脚扣有无试验合格证，是否在有效试验合格期内。

2. 使用注意事项

(1) 使用前，必须对脚扣进行单腿冲击试验。登杆前在杆根处用力试登，判断脚扣是否有变形和损伤。方法是将脚扣挂于离地高约 300mm 处，单脚站立于脚扣上，用自身重量向下冲击，检查脚扣的机械强度是否完好可靠，防滑胶皮是否可靠。

(2) 攀登时，必须全过程系安全带。

(3) 登杆前应将脚扣登板的皮带系牢，登杆过程中应根据杆径粗细随时调整脚扣尺寸。在攀登锥形杆时，要根据杆径调整脚扣至合适位置，使用脚扣防滑胶皮可靠地紧贴于电杆表面。

（4）特殊天气使用脚扣和登高板应采取防滑措施。严禁从高处往下扔摔脚扣。

十四、防静电服（鞋）

（一）防静电服的作用

防静电服是用于在有静电的场所，降低人体电位、避免服装上带高电位引起其他危害的特种服装，广泛应用于油田、化工、电力、军警、赛车、消防等对服装性能有特殊要求的场合。防静电服适用无尘、静电敏感区域和一般净化区域。

防静电服采用不锈钢纤维、亚导电纤维、防静电合成纤维与涤棉混纺或混织布等材料制作，能自动电晕放电或泄漏放电，可消除衣服及人体带电，同时防静电的帽子、袜子、鞋也采用相同材料制成。

（二）防静电服的穿用要求和注意事项

（1）相对湿度≤30％，纯棉服的带电量在相对情况下和化纤服一样，在高压带电场所应穿亚导体材料制作的防静电服。

（2）禁止在易燃易爆场所穿脱防静电服。

（3）禁止在防静电服上附加或佩戴任何金属物件。

（4）穿用防静电服时，必须与《防静电鞋、导电鞋技术要求》中规定的防静电鞋配套穿用。

十五、防电弧服简介

防电弧服广泛使用在发电、供电及用电等单位有电弧潜在危险的环境中，用以保护工作人员免受电弧伤害。防电弧服一旦接触到电弧火焰或炙热时，内部的高强低延伸防弹纤维会自动迅速膨胀，从而使面料变厚且密度变高，形成对人体更具保护性的屏障，可用在高热、火焰、电弧等危险环境，在高温下具有不熔化、不燃烧及不熔滴的特点，具有防电弧、耐高温、不助燃、热防护性好等特点。

十六、高空防坠器（速差自控器）

高空防坠器（安全自锁器）主要应用于造船、电力、电信、建筑、桥梁、冶金、化工、矿山、消防、航天、制药、航空、粮油等工程高空作业和电力作业技能培训场合。规格长度有 3m、5m、10m、15m、20m、30m。安全带用速差自控器（安全自锁器），是高空作业人员预防高处坠落的一种新型保安用具。它具有结构合理、造型美观、使用简单、收藏方便、效果优越等优点，深受大家欢迎。

速差自控器与传统的安全带相比具有下坠距离短、冲击力小、活动范围低、固定条件简单、耐高温、防火等优点。壳体和鼓轮采用铝合金，航空用钢丝绳。

（一）速差自控器的工作原理与结构

速差自控器利用物体下坠的速度进行自控。使用时只需要将锦纶吊绳跨过上方坚固钝边的结构物质上，将安全扣除吊环，将速差自控器悬挂在使用者上方，把安全绳上的挂钩钩入安全带的半圆环内，即可使用。

正常使用时，安全绳将随人体自由伸缩，不需经常更换悬挂位置，在防坠器内机构的作用下，安全绳一直处于半紧张状态，使用者可轻松自如无牵挂地工作。

工作中一旦人体失足坠落，安全绳的拉出速度加快，防坠器内控制系统即自动锁上，安全绳拉出不超过 1.2m，冲击距离小于 3000N，负荷一旦解除又能恢复正常工作，工作完毕安全绳将自动收回器内，非常便于携带。

（二）使用方法及注意事项

（1）防坠器使用前应检查有无合格证，且必须有省级以上安全检验部门的产品合格证。

（2）防坠器只能高挂低用，水平活动应在以垂直线为中心半径 1.5m 范围内，应悬挂于使用者上方固定牢固的构件上。每次使用前应对器具做外观检查并做试验，以较慢速度正常拉动安全绳时，应发出"嗒嗒"声响。

试验时，拉出绳长 0.8m，要求模拟人体坠落时下滑距离不超过 1.2m 为合格。如安全绳收不进去稍做速度调节即可。确认正常后方可使用。

（3）使用时，应防止与尖锐、坚硬物体撞击，严禁安全绳扭结使用，不要放在尘土过多的地方。

（4）如有不正常现象或损坏，不得自行维修拆卸，严禁改装，而是应请厂家调换或修理。

（5）工作完毕后，钢丝绳收回防坠器内时，中途严禁松手，避免因速度过快造成弹簧断裂、钢丝绳打结，直到钢丝绳收回防坠器内后方可松手。

（6）严禁将绳打结使用，防坠器的绳钩必须挂在安全带的连接环上。

（7）在使用过程中要经常性地检查速差自控器的工作性能是否良好，绳钩、吊环、固定点、螺母等有无松动，壳体有无裂纹或损伤变形，钢丝绳有无磨损、变形伸长、断丝等现象，如发现异常应及时处理。

十七、过滤式防毒面具

过滤式防毒面具是用于防护毒剂蒸汽的防毒炭，防毒炭是由活性炭制成的。活性炭里有许多形状不同、大小不一的孔隙，1g 活性炭所具有孔隙的表面积一般在 $800\sim900m^2$。在活性炭的孔隙表面，浸渍了铜、银、铬金属氧化物等化学药剂，它对毒剂蒸汽防护作用有：

（1）毛细管的物理吸附。

（2）炭上化学药剂与毒剂发生反应的化学变化。

（3）空气中的氧和水在炭上化学药剂的催化作用下与毒剂发生反应。

以上这些作用，对现有已知毒剂均能产生可靠的防护作用，而对大家熟悉的一氧化碳（煤气中的主要成分）就不能防护了。

（一）用途和功能

防毒面罩是一种过滤式大视野面屏，双层橡胶边缘的个人呼吸道防护器材，能有效地保护佩戴人员的面部、眼睛和呼吸道免受毒剂、生物战剂和放射性尘埃的伤害，可供工业、农业、医疗科研、军队、警察和民防等不同领域人员使用。面具密合框为反折边佩戴，舒适，易气密，可满足95％以上成年人的佩戴要求；面具五根拉带可以随意调节，可松紧适宜；面具的镜片保护层采用阻水罩结构，可保证面罩在使用过程中性能良好；面具的大眼窗镜片由光学塑料制成，具有开阔的视野；面具还可装设通话器，也可根据所接触的介质防护对象，选择不同种类的滤毒盒。面具滤毒盒在规定条件下，储存期不超过三年。

（二）使用和维护

（1）使用前详细阅读产品说明书。

（2）使用面具时，由下巴处向上佩戴，再适当调整头带，戴好面具后用手掌堵住滤毒盒进气口用力吸气，面罩与面部紧贴不产生漏气则表明面具已经佩戴气密，就可以进入危险涉毒区域工作了。

（3）面具使用完后，应擦尽各部位汗水及脏物，尤其是镜片、呼气活门、吸气活门，必要时可以用水冲洗面罩部位，对滤毒盒部分也要擦干净。

十八、安全色

安全色是表达安全信息含义的颜色，通过颜色表示禁止、警告、指令以及提示信息等，用于安全标志牌、防护栏杆、机器上不准乱动的部位、紧急停止按钮、安全帽、吊车升降机、行车道中线等地方。

（1）国家标准《安全色》中，对颜色传递的安全信息做出了相应规定，通过颜色让人们对周围环境、周围物体应引起注意，如氧气气瓶、母线相序、天然气管道等均涂以各种不同颜色来警示大家。

（2）安全色规定为红、蓝、黄、绿四种颜色，其含义及用途见表5－3。

表5－3 安全色含义及用途

颜色	含义	用途
红色	禁止或停止	禁止标志、停止标志、机器或车辆上的紧急停止手柄或禁止人们触动的部分
		红色也表示防火
蓝色	指令或必须遵守的规定	指令标志、必须佩戴个人防护用具、道路上指引车辆和行人行使方向的指令
黄色	警告或注意	警告标志、警戒标志、围的警戒线、行车道中线
绿色	提示安全或通行	提示标志、车间内的安全通道、行人和车辆通行标志、消防设备和其他安全防护设备的位置

（3）四种颜色的特点是：

红色：视认性好，注目性高。常用于紧急停止和禁止信号。

黄色：对人的眼睛能产生比红色更高的明亮度，而黄色和黑色组成的条纹是视认性最高的色彩，特别容易引起人的注意，所以常用它作警告色。

蓝色：企业常用蓝色作为指令色，因蓝色在阳光的直射下较为明显。

绿色：给人以舒适、恬静和安全感，所以用它作为提示安全信息的颜色。

同时，红色和白色、黄色和黑色条纹，是我们常见的两种较为醒目的标示。

十九、标示牌

标示牌是以安全、禁止、警告、指令、提示、消防、限速等文字和图形符号来告知现场工作人员，在工作中引起注意的一种安全信号警示标志，是保证工作人员安全生产的主要技术措施之一。

国家电网公司《电力安全规程》中明确规定了在电气设备上工作，保证安全的技术措施为：停电、验电、装设接地线、悬挂标示牌和装设遮栏（围栏）。

二十、临时遮栏

在现场检修工作中，会遇到有些设备部分带电、部分停电的工作，使用临时遮栏主要用于防止工作人员误碰带电设备而造成伤害。

二十一、安全围栏

（一）安全围栏的作用

安全围栏是用来防止工作人员误入带电间隔、无意间碰到带电设备造成人身伤亡，以及工作位置与带电设备之间的距离过近造成伤害。

（二）装设要求

在室外带电设备上工作时，应在工作地点四周装设围栏，围栏上要悬挂适当数量的标示，在室内高压设备上工作，应在检修设备两旁、其他运行设备的柜门上、禁止通行的过道上装设围栏，并悬挂"止步，高压危险！"的标示牌，装设必须规范，严禁乱拉乱扯。

第二节　电力安全工器具的维护与管理

一、电力安全工器具的存放保管

电力安全工器具的保管存放规范与否，直接关系到电力安全工器具的绝缘品质和使用效果。因此，必须按照国家标准、行业标准及产品说明书要求，统一分类、编号并定置存放。

电力安全工器具应统一存放在专用的电力安全工器具箱或专用的放置构架上，存放地点必须具有防潮、防尘、通风、干燥的环境，存放在温度为－15℃～＋35℃、相对湿度在80％以下的环境中。

电力安全工器具应编号定置存放，登记并建立台账，要做到账、卡、物相符，对号入座，试验报告及检查记录齐全。

电力安全工器具应由专人负责保管，安全员根据规定进行定期检查。

二、电力安全工器具运输

电力安全工器具的使用都是在工作现场，特别是电力线路工作使用的安全工器具，都是从甲地到乙地。但在运输过程中，却容易由于忽略安全工器具的运输安全问题，从而造成电力安全工器具的损伤、损坏。

电力安全工器具的运输应注意事项如下：

（1）严禁将电力安全工器具与其他施工材料混放运输。

（2）容易划伤、损坏、破损的电力安全工器具应放入专用箱盒内运输，如绝缘手套、验电器等。

（3）绝缘杆在运输时应分节装入保护袋内，严禁将绝缘操作杆裸杆随意丢在车厢内运输。

（4）登高工器具在运输时，严禁乱堆、乱放、乱甩，防止尖刺物损伤绳索等部件。

（5）梯子运输时必须绑扎牢固，运输途中应注意空中障碍。

三、电力安全工器具的购置与领用

（一）电力安全工器具购置

电力安全工器具的质量直接关系到现场工作人员的生命安全和设备安全，因此，必须符合国家和行业有关安全工器具的法律、行政法规、规章规范、强制性标准及技术规程的要求。

国家电网公司已对安全工器具实行了入围制度，电力工业电力安全工器具质量监督检验测试中心将每年公布一次电力安全工器具生产厂家检验合格的产品名单。

采购电力安全工器具，所选生产厂家必须具有相应资质，出厂产品必须具有以下文件和资料：安全生产许可证、产品合格证、安全鉴定证、产品说明书、产品检测试验报告。

各网省公司、国家电网公司直属公司每年在电力工业电力安全工器具质量监督检验测试中心公布的电力安全工器具生产厂家检验合格的产品名单中，采取招标的方式确定公司系统内可以采购的电力安全工器具入围产品，并予以公布。

对于没有使用经验的新型安全工器具，在小范围试用基础上，组织有关专家评价后，方可参与招标入围。基层单位对入围产品，若发现质量、售后服务等问题，应及时向上级安监部门反映，查实后，将取消该产品入围资格，并向电力工业电力安全工器具质量监督检验测试中心通报。

基层单位必须在上级（网省公司或国网直属公司）公布的入围产品名单中，选择业绩优秀、质量优良、服务优质且在本公司系统内具有一定使用经验、使用情况良好的产品，采取招标的方式购置所需的电力安全工器具。

（二）对生产厂家的要求

采购电力安全工器具必须签订采购合同，并在合同中明确生产厂家的责任：

（1）必须对制造的电力安全工器具的质量和安全技术性能负责。

（2）负责对用户做好其产品使用维护的培训工作。

（3）负责对有质量问题的产品，及时、无偿更换或退货。

（4）根据用户需要，向用户提供电力安全工器具的备品、备件。

（5）因产品质量问题造成的不良后果，由产品生产厂家承担相应的责任，并取消其同类产品的推荐资格。

（三）电力安全工器具领用

规范安全工器具的领用制度，是防止安全工器具遗忘、遗失在工作现场，预防人为事故发生的有力措施。因此，建立电力安全工器具的领用制度非常必要。

每当施工作业或执行某张工作票作业内容前，应根据作业内容领取相应的电力安全工器具。领用时应将电力安全工器具名称、领用的数量、领用时间、使用原因（执行某种作业）、谁领用、施工中损坏的原因、归还时间等记录清楚形成领用电力安全工器具的闭环制度。

施工班组安全工器如发生毁坏或需要增配，应由各使用单位写出书面申请交安监部门，由安监部门依据班组电力安全工器具台账进行核查后进行更换或补配。

四、电力安全工器具的报废

以下情况，电力安全工器具应施行报废：

（1）电力安全工器具经试验或检验不符合国家或行业标准。

（2）超过有效使用期限，不能达到有效防护功能指标。

报废的电力安全工器具应及时清理，不得与合格的电力安全工器具存放在一起，更不得使用报废的电力安全工器具。

报废的电力安全工器具应由试验单位没收存放，统一销毁处理，并统计上报安全监察部门备案。

第六章　电力电网规划的安全技术

第一节　电力系统规划技术规范

电力系统安全稳定计算分析的目的是通过对电力系统进行详细的仿真计算和分析，确定系统稳定问题的主要特征和稳定性水平，提出提高系统稳定水平的措施和控制策略，以保证系统的安全稳定运行，从而指导电网的规划、设计、建设、生产和运行，以及相关的科学研究和试验工作。

一、电力系统规划的基本要求

（一）电网结构

1. 受端系统的建设

接收系统是指以负荷集中区为中心的电力系统，包括区域和相邻发电厂，将负荷与这些电源连接起来，形成更加密集的电网。接收系统通过接收来自外部和远程电源的有功电能和电能，实现供需平衡。

接收系统是整个电力系统的重要组成部分，要实现合理的电网结构，从根本上提高整个电力系统的安全稳定水平，就必须加强接收系统的建设。加强接收系统安全稳定水平的关键是：

第一，加强接收系统中最高电压的网络连接。

第二，为了加强接收系统的电压支持和操作灵活性，应将容量足够的发电厂与接收系统连接起来。

第三，接收系统应有足够的无功补偿能力。

第四，枢纽变电所的规模应与接收系统的规模相适应。

第五，接收系统电厂运行方式的改变不应影响正常的电力接收能力。

2. 电源接入

第一，合理规划电力接入点。接收系统应在多个方向上有多个接收通道，电源点要合理配置。各独立传输信道的传输功率不应超过接收端系统最大负荷的10%～15%，并确保当任何信道丢失时，不影响电网的安全运行和接收系统的可靠供电。

第二，根据电厂的布局、装机容量和所起的作用，将电厂连接到相应的电压水平，并考虑区域电力需求、动态无功支持需求、相关政策等因素的影响。

第三，发电厂的助推站不应用作系统枢纽站，也不应安装构成电磁环网的接触变压器。

第四，在进行风电场接入系统设计之前，应完成电网验收风电容量研究和大型风电场输电系统规划设计等相关研究。风电场接入系统方案应与电网总体规划相协调，并符合有关法规的要求。

第五，针对点对网、大供电系统远距离输送等特殊稳定要求，对励磁系统对电网的影响进行专门研究，并利用研究成果指导励磁系统的选择。

3. 电网分层划分

第一，根据电网和供电区域的电压水平，进行合理的分层分区。合理分层，不同规模的电厂和负荷连接到适当的电压网络；合理划分，以接收系统为核心，外部电源连接到接收系统，形成一个基本平衡的供需区域，并通过联络线与相邻地区相连。

第二，随着高等级电网的建设，低压电网应逐步实现分区的运行，相邻分区应保持待机状态。应避免和消除严重影响电网安全稳定的电磁环网电压等级，不适合发电厂安装构成电磁环网的接触变压器。

第三，尽量简化区域电网，有效限制短路电流，简化继电保护配置。

4. 电力系统之间的互联

第一，应对电力系统的交流或直流互联进行技术和经济比较。

第二，交流联络线的电压水平应与主网的最高电压水平相一致。

第三，当连接电网任何一方失去大量供电或发生严重单点故障时，联络线应保持稳定运行，且不应超过事故过载容量的规定。

第四，联络线因故障而断开后，必须保持各自系统的安全稳定运行。

第五，系统之间的交流联络线不应构成大环网的薄弱环节，当其中一条线路断开时，其余线路应保持稳定运行，并可转移到所需的最大功率。

第六，交流弱互联方案对电网安全稳定的影响，只有在对技术经济电网企业安全培训教材进行规划和安全论证后才能采用。

(二) 负荷分级及供电要求

电力负荷应根据供电可靠性的要求和供电中断所造成的政治、经济损失或影响程度进行分级，并应遵守下列规定。

第一，当满足下列条件之一时，应是主要负荷：

①符合下列情况之一时，应为一级负荷：中断供电将造成人身伤亡时。中断供电将在政治、经济上造成重大损失时。例如：重大设备损坏、重大产品报废、国民经济中重点企业的连续生产过程被打乱需要长时间才能恢复等。中断供电将影响有重大政治、经济意义的用电单位的正常工作。例如：重要交通枢纽、重要通信枢纽、重要宾馆、大型体育场馆、经常用于国际活动的大量人员集中的公共场所等用电单位中的重要电力负荷。

在一级负荷中，当中断供电将发生中毒、爆炸和火灾等情况的负荷，以及特别重要场所的不允许中断供电的负荷，应视为特别重要的负荷。

②符合下列情况之一时，应为二级负荷：中断供电将在政治、经济上造成较大损失时。例如：主要设备损坏、大量产品报废、连续生产过程被打乱需较长时间才能恢复、重点企业大量减产等。中断供电将影响重要用电单位的正常工作。例如：交通枢纽、通信枢纽等用电单位中的重要电力负荷，以及中断供电将造成大型影剧院、大型商场等较多人员集中的重要的公共场所秩序混乱。

③不属于一级和二级负荷者应为三级负荷。

第二，一级负荷的供电电源应符合下列规定：

①一级负荷应由两个电源供电，当一个电源发生故障时，另一个电源不应同时受到损坏。

②一级负荷中特别重要的负荷，除由两个电源供电外，尚应增设应急电源，并严禁将其他负荷接入应急供电系统。

第三，下列电源可作为应急电源：

①独立于正常电源的发电机组。

②供电网络中独立于正常电源的专用的馈电线路。

③蓄电池。

④干电池。

第四，根据允许中断供电的时间可分别选择下列应急电源：

①允许中断供电时间为 15s 以上的供电，可选用快速自启动的发电机组。

②自投装置的动作时间能满足允许中断供电时间的，可选用带有自动投入装置的独立于正常电源的专用馈电线路。

③允许中断供电时间为毫秒级的供电，可选用蓄电池静止型不间断供电装置、蓄电池机械贮能电机型不间断供电装置或柴油机不间断供电装置。

第五，应急电源的工作时间，应按生产技术上要求的停电时间考虑，当与自动启动的发电机组配合使用时，不宜少于 10min。

第六，二级负荷的供电系统，宜由两回线路供电。在负荷较小或地区供电条件困难时，二级负荷可由一回 6kV 及以上专用的架空线路或电缆供电。当采用架空线时，可为一回架空线供电；当采用电缆线路时，应采用两根电缆组成的线路供电，其每根电缆应能承受 100％的二级负荷。

（三）电源及供电系统

第一，有下列条件之一的，由电力单位自行设置供电：

①当有必要为一次负荷中特别重要的负荷设置自给电源作为应急电源时，或当第二电源不能满足第一负荷的条件时。

②设置自供电比从电力系统获得二次供电更为经济合理。

③全年发电余热、压差和废气稳定，技术可靠、经济、合理。

④该地区地处偏远，远离电力系统，建立自己的供电是经济合理的。

第二，必须采取措施防止应急电源和正常电源之间的并行运行。

第三，供电和配电系统的设计，除了第一阶段负荷中特别重要的负荷外，不应根据一个供电系统的维护或故障以及另一个电源的故障来设计。

第四，需要两条供电线路的供电单元应以相同的电压供电。但是，根据各级负荷和区域供电条件的不同需要，也可以采用不同的电压供电方式。

第五，当具有第一级负荷的单元难以从区域电网获得两个电源，并且可以从相邻单元获得第二电源时，宜从该相邻单元获得第二电源。

第六，当两条或两条以上供电线路的第一条线路同时中断电源时，其余线路应能满足所有一次和二次负荷。

第七，供电系统应简单可靠，同一电压供电系统的变量分布系列不应超过两个阶段。

第八，高压配电系统应采用辐射式。根据变压器的容量、分布和地理环境，还可采用树干型或环型。

第九，根据负荷的容量和分布情况，配电所应靠近负荷中心。当配电电压为 35kV 时，也可直接降至 220V 的配电电压。

第十，应在与机组相邻的变电站之间设置一条低压联络线。

第十一，小负荷机组要与区域低压电网连接。

有可利用的荒地的，不得占用耕地；有可以不同利用的土地，不得占用好的土地，特别是具有较高经济效益的土地，如菜地。土地应紧凑型，适应当地条件。利用劣质土地作为选址方案是决定设计方案质量的主要条件之一。

除上述情况外，还应适当考虑到工作人员和工人在生活中的方便。

（四）站址及线路协议

1. 可研前期

在研究初期，设计单位应当了解县、市（州）政府规划部门、土地部门、油库、爆炸物库部门、矿主、文物部门、军事组织、民航部门、天然气公司、林业部门、水利局、供水公司、工厂和矿山企业、电力公司或电力局、通信单位、业主单位，以及电力倡导者和其他部门对场地和线路原则（包括选址）的意见。

原则上，选址不得占用基本农田，在不能回避租让的情况下，应当提供资料。项目评估后 10 日内，设计单位应当向项目实施的县级政府有关部门出具承诺书，同意将该项目列入新的土地利用总体规划。

设计路线应避免穿越自然保护区、森林公园、风景名胜区、水资源保护区、重点文物保护区、自然文化遗产地、地质公园、城市规划区等敏感区域。不能回避的，设计单位应当取得原审批单位的明示同意。设计单位提交的路线图，由市、县规划部门签字盖章。变电工程、线路工程可研、初设阶段设计单位提交协议统计表如表 6-1、表 6-2 所示。

表 6－1　变电工程可研、初设阶段设计单位提交协议统计表

序号	协议名称	批准单位	协议内容及要点	是否应取得（对不需取得的协议说明原因）	取得情况
一、可研报告送审稿须提交协议					
1	选址协议	县、市（州）级政府规划部门	同意变电工程选址方案		
2	选址协议	国土部门	1. 说明矿产压覆情况，站址土地性质，基本农田占用情况；2. 同意变电工程选址		
3	选址协议	油库、炸药库主管部门，矿产业主	变电工程靠近油库、炸药库以及采用爆破方式开采的矿产不满足设计规程要求的，要取得该油库、炸药库主管部门同意意见及矿产业主协商意见；对于安全距离满足设计规程要求的可不取得相关协议		
4	选址协议	文物主管部门	变电工程靠近名胜古迹不满足设计规程要求的，要取得该名胜古迹主管部门同意意见；对于距离满足设计规程要求的可不取得相关协议		
5	选址协议	军事机构	变电工程靠近军用设施不满足设计规程要求的，要取得该军用设施业主同意意见；对于距离满足设计规程要求的可不取得相关协议电网规划安全		
6	选址协议	民航部门	变电工程靠近机场、导航台（信标台）不满足设计规程要求的，要取得该机场、导航台（信标台）业主同意意见；对于距离满足设计规程要求的可不取得相关协议		
7	选址协议	天然气公司	变电工程选址须改迁天然气管道和跨越距离不满足设计规程要求的，要取得天然气公司同意意见；对安全距离满足设计规程要求的可不取得相关协议		
8	选址协议	林业主管部门	同意工程选址方案		
9	变电站用水协议	水利局或自来水公司或厂矿企业	同意设计提供的取水方案，如是自来水公司供水，应承诺保证水量的供应		
10	施工电源协议	电力公司或电业局	同意设计提供的施工电源方案，应承诺保证供电		
11	改迁通信线、缆协议	通信单位	同意改迁		
12	利用非国网变电站协议	业主单位	在系统论证时，办理同意利用、完善、配合的意见		
13	特殊设施	权力主张方	同意选址方案		

序号	协议名称	批准单位	协议内容及要点	是否应取得（对不需取得的协议说明原因）	取得情况
二、可研收口须提交协议					
1	选址协议	县、市（州）级政府规划部门	同意变电工程选址方案		
2	选址协议	国土部门	1. 说明矿产压覆情况，站址土地性质，基本农田占用情况；2. 同意变电工程选址		
3	土地同意纳入新规划的承诺	县级政府部门	承诺项目纳入当地 2006～2020 年土地利用总体规划		
三、初设审查须提交协议					
1	选址协议	县、市（州）级政府规划部门	同意变电工程选址方案		
2	选址协议	国土部门	1. 说明矿产压覆情况，站址土地性质，基本农田占用情况；2. 同意变电工程选址		
3	毗邻道路安全距离的协议	道路管理部门	变电工程须改迁公路和占用距离不满足设计规程要求的，要取得道路管理部门同意意见；对于安全距离满足设计规程要求的可不取得相关协议		
4	选址协议	县（区）级政府部门	同意变电工程选址方案		
5	选址协议	乡镇级政府部门	同意变电工程选址方案		

注：如第一阶段，即可研报告提交时就取得了所有相关协议，而之后无变化，后续阶段可不再取得相关协议。

表 6-2 线路工程可研、初设阶段设计单位提交协议统计表

序号	协议名称	批准单位	协议内容及要点	是否应取得（对不需取得的协议说明原因）	取得情况
一、可研报告送审稿须提交协议					
1	路径协议	县、市（州）级政府规划部门	同意线路路径（取得县一级规划部门意见，若跨越行政区域，应取得上一级规划部门意见），同意项目通过设立的其他相关规划控制区		
2	路径协议	国土部门	1. 说明矿产压覆情况；2. 同意路径方案		
3	路径协议	油库、炸药库主管部门，矿产业主	线路须跨越或者靠近油库、炸药库以及采用爆破方式开采的矿产不满足设计规程要求的，要取得该油库、炸药库主管部门同意意见及矿产业主协商意见；对于安全距离满足设计规程要求的可不取得相关协议		

序号	协议名称	批准单位	协议内容及要点	是否应取得（对不需取得的协议说明原因）	取得情况
4	路径协议	文物主管部门	线路路径须跨越或靠近名胜古迹不满足设计规程要求的，要取得线路跨越或靠近名胜古迹主管部门同意意见；对于距离满足设计规程要求的可不取得相关协议		
5	路径协议	军事机构	线路路径须跨越或靠近军用设施不满足设计规程要求的，要取得线路跨越或靠近军用设施业主同意意见；对于距离满足设计规程要求的可不取得相关协议		
6	路径协议	民航部门	线路路径须靠近机场、导航台（信标台）不满足设计规程要求的，要取得线路靠近机场、导航台（信标台）业主同意意见；对于距离满足设计规程要求的可不取得相关协议		
7	路径协议	水务部门、航务局	原则同意线路路径方案，线路跨越通航河道、跨江；对于不跨越通航河道及跨江的可不取得相关协议		
8	路径协议	天然气公司	线路路径须改迁天然气管道和跨越距离不满足设计规程要求的，要取得天然气公司同意意见；对于安全距离满足设计规程要求的可不取得相关协议		
9	路径协议	林业主管部门	同意线路路径方案、线路跨越		
10	改迁通信线、缆协议	通信单位	同意改迁		
11	利用、搬迁非国网变电站线路协议	业主单位	在系统论证时，办理同意利用、完善、配合的意见		
12	特殊设施	权力主张方	同意途经方案协议		
二、可研收口须提交协议					
1	路径协议	县、市（州）级政府规划部门	同意线路路径（取得县一级规划部门意见，若跨越行政区域，应取得上一级规划部门意见），同意项目通过设立的其他相关规划控制区		
2	路径协议	国土部门	1. 说明矿产压覆情况；2. 同意路径方案		
3	路径协议	原批准机关	同意线路路径通过自然保护区、森林公园、风景名胜区、水源保护区、重点文物保护单位、自然和文化遗产地、地质公园、林区等特殊敏感目标；对于安全距离满足设计规程要求的可不取得相关协议		
4	土地同意纳入新规划的承诺	县级政府部门	承诺项目纳入当地 2006～2020 年土地利用总体规划		

序号	协议名称	批准单位	协议内容及要点	是否应取得（对不需取得的协议说明原因）	取得情况
三、初设审查须提交协议					
1	选址协议	县、市（州）级政府规划部门	同意线路路径（取得县一级规划部门意见，若跨越行域，应取得上一级规划部门同意），同意项目通过设立的其他相关规划控制区		
2	选址协议	国土部门	1. 说明矿产压覆情况；2. 同意路径方案		
3	毗邻道路安全距离的协议	道路管理部门	线路路径须改迁公路和跨越距离不满足设计规程要求的，要取得道路管理部门同意；对于安全距离满足设计规程要求的可不取得相关协议		
4	选址协议	县（区）级政府部门	同意线路路径走向		
5	选址协议	推荐路径沿线重点乡镇政府部门	同意线路路径走向		

2. 项目核准前

项目审查后，经项目批准，设计部门应当征求规划、土地部门的意见（选址意见），负责前期工作的单位应当取得环境影响评价、水土保持、地质灾害评价、上覆矿产资源评价等专题初步报告。设计单位按照规定编制项目审批报告和项目社会稳定风险评估报告。

3. 工程动工前

预备性工作的单位应当按照规定办理红线规划和征地手续。

（五）无功平衡及补偿

第一，应规划无功电源的布置，并应有适当的裕度，以确保系统各中心点的电压能够在正常和事故发生后达到规定的要求。

第二，电网无功补偿应以分层分区和局部平衡原则为基础，根据负荷（电压）的变化进行调整，避免无功通过长距离线路或多级变压器的传输，对330kV及以上线路的充电功率进行基本补偿。

第三，发电机或照相机应采用自动励磁（包括强制励磁）的方式工作，并保持其运行的稳定性。

第四，为了保证接收系统突然失去重负荷线或大容量机组（包括发电机退磁）等事故，保持电压稳定和正常供电，不发生电压崩溃，接收系统应有足够的动态无功备用容量。

第五，集成在电网中的发电机组在满负荷时应具有0.9（滞后相）～0.97（相馈）功率因数的运行能力，新机组应能满足0.95相馈的运行能力。在电网薄弱或对动态无功有特殊要求的地区，机组的运行容量应为0.85满负荷滞后相。发电机在供电运行时，相容量不应小于0.97，发电机或摄像机应采用自动励磁（包括强制励磁）的方式运行，并保持运行的稳定性。

第六，变电站设备投入运行时，应同时投入配套的无功补偿装置和自动开关装置。

（六）对机网协调及厂网协调的要求

发电机组的参数选择、继电保护（发电机退磁、失步保护、频率保护、线路保护等）、自动装置（自动励磁调节器、电力系统稳定器、稳定控制装置、自动发电控制装置等）。必须与电力系统协调，确保其性能满足电力系统稳定运行的要求。

二、电力系统的安全稳定标准

（一）电网系统安全稳定总体要求

"电力系统安全稳定准则"和"电力系统技术规范（试行）"是根据我国国情制定的电网可靠性标准。

"电力系统安全稳定指南"主要针对系统的稳定性、频率稳定性和电压稳定性。对于各种类型、各种单一或多重故障，安全稳定标准可分为三个层次，也可以说是建立"三道防线"。

1. 第一道防线

第一道防线是针对一个常见的单一故障（如线路的瞬时单相接地），以及一些在当前条件下可能不会破坏系统稳定运行的故障，要求电网在发生故障后能够维持电力系统的稳定和正常供电。

2. 第二道防线

第二道防线针对的是一个概率较低的单一故障，要求电网在故障发生后保持稳定，但允许部分负荷丢失。在某些情况下，为了维持电网的稳定，允许采取必要的稳定措施，包括短期中断某些负荷的供电。

3. 第三道防线

第三道防线是大电网最重要的最后一道防线，针对极其严重的单一故障（如多次同时发生故障），此时电网可能无法维持稳定（要保证稳定，就必须增加建设投资），但必须从最不利的条件出发，采取预防措施，尽量将不稳定的影响控制在预先估计的可控范围内，以防止链式反应引起的整个电网崩溃的恶性事故。

"电力系统技术指南"将电网管理分为三部分：接收系统、接入系统和系统间联络线。根据各部分的重要性和技术经济条件，制定了不同的安全标准，这与国外的安全标准有很大的不同。

（1）受端系统的安全标准

接收系统是电力系统的核心，其安全性和稳定性是整个系统的基础和关键，因此对系统的安全性提出了更高的要求。

①在正常运行情况下，接收系统发生任何严重的单故障（包括线路和母线三相短路），即 $n-1$，除了保持系统稳定和不超过任何其他部件的负载要求外，还必须保持正常供电，不允许负荷损耗（电力系统安全和稳定准则检查和计算整个系统的三相短路，并采取措施

维持稳定，但允许部分负荷丧失。接收系统应按照"电力系统技术准则"的规定实施。

②在正常维修模式下，即当接收系统中有线路、母线或变压器出现严重的单故障或任何部件损失时，可采取措施，包括部分切断负荷和切断负荷。

当然，这需要进行大量的分析工作，以确定根据可能发生的事故的预期而采取的措施。设置此标准的目的是保持接收系统，即使概率很小，以便完全防止系统范围内的停电。

（2）电源接入系统的安全标准

①对于 220kV 及以下线路和基本建成的 500kV 电网，原则上实行 n−1 原则，即在正常情况下，当线路突然丢失时，保持正常的输电线路。

②在 500kV 电网建设初期，为了促进 500kV 电网的发展，只要输电容量不太大，采用单相重合闸作为安全措施。在加强接收系统的基础上，允许主电厂初期使用 500kV 单回路线路接入系统。

③对于长距离、重负荷的 500RV 接入系统，为了获得巨大的经济效益，可同时采取安全措施消除合适的供电（水电站）或输出功率（火电厂），以保持其他线路的稳定运行。允许这样做的基础也是加强接受者制度。

当发射机的供电容量占整个网络容量的很小比例时，电力接入系统的安全标准低于接收系统的安全标准，这是从建立第三防线来防止整个系统停电的角度来考虑的。事实上，接收系统的内部线路一般都是短而易加强的，而接入系统的线路往往很长。建设一条需要大量投资的线路，略微降低电力接入系统的安全标准，并采取一些技术上可行的措施来弥补，具有重要的经济意义。

（3）系统间联络线的安全标准

系统间接触线的安全标准应根据接触线的不同任务进行不同的处理。

①线路故障中断时，系统应保持安全稳定，这对于要求大功率输电和经济交流正常运行的交直流线路尤为重要。

②对于承担相邻系统事故保障任务的联络线（按合同规定），当系统任何一方失去大量电源或发生严重单次故障时，联络线应保持稳定运行，不应超过事故负荷要求。

③如果系统之间有两个（或更多）交流链路，则不宜形成弱连接的大环网，因此有必要考虑，当其中一个线路断开时，其余线路应保持稳定运行，并能够传输所需的最大功率。

④对于直流混合联络线，当直流联络线单极故障时，交流系统应在无稳定措施的情况下保持稳定运行，发生直流双极故障时也应保持交流系统的稳定运行，但可采取适当的稳定措施。

我国系统的安全稳定标准具有以下特点：

①针对稳定标准分为三个层次，建立三条防线，重点放在第三条防线上。

②在三相短路情况下，主要通过加快故障排除时间等稳定措施来保持系统的稳定性，既经济又有效。

③对于严重的故障，要保持稳定需要大量投资，允许局部不稳定，但不仅要采取技术措施，还要从电网结构上创造条件，防止全系统停电的发展。

④将电网划分为三个部分，规定了不同的安全稳定标准，主要是在节约总投资的前提下，加强接收系统。

（二）网络结构设计方案安全检验

方案检测阶段的任务是对已形成的方案进行技术经济比较，包括潮流、调相、调压计算、稳定电流、短路电流、工频过电压、电位供电电流计算和技术经济比较等。

在对网络方案进行测试的同时，可以根据检测得到的信息对原有的网络方案进行添加或修改。

潮流计算与分析。主要目的是观察每种方案在正常运行和事故运行模式下是否满足输电容量的需要。在正常运行模式下，各线路的潮流应接近线路的经济输电容量，各主变压器（联合变压器）的潮流应小于额定容量。在 n−1 事故（包括计划检修）中，线路潮流不应超过连续允许的加热容量，变压器不应长期超载。

暂态稳定计算验证了在 SDJ161−85"电力系统设计技术规范"规定的电力系统结构设计稳定标准下，电力系统能够保持稳定。

这些标准主要是：

第一，单相瞬时接地故障在单回路输电网络中是成功的。

第二，单相永久接地故障重合不成功，无故障断开不符合同级电压多回线路和环网单相永久接地故障（对于水电站直输电线路，必要时采取切断措施）。

第三，单相永久接地故障重合不成功，且无故障断口与主线路两侧变电站电压相同的相邻线路不重合。

第四，核电站输出线路出口与接收骨干网络之间存在三相短路失配，形成了环路的网络结构。

第五，任何发电机（除非系统容量的比例太大）跳闸或退磁。

第六，系统中任何大的负载都会突然发生变化（如冲击负荷或突然退出重载）。

当上述故障发生时，网络结构必须满足系统稳定运行和正常供电的要求。

还应考虑下列故障类型：

第一，单相接地故障在单回路输电网络中是不成功的。

第二，三相短路与同级电压的多路线路、环网电路和网络低压不重合。

在发生上述故障时，可以采取措施保持系统的稳定运行，但允许部分负荷丢失。

1. 短路电流计算

短路电流计算的主要目的是选择断路器的断流能力，提出今后高压断路器等设备生产中对短路电流的要求，并研究限制系统短路电流水平的措施。

系统设计应根据预期水平年计算短路电流，新断路器应根据设备投入运行后 10 年左右的系统开发能力计算，更换现有断路器时应按过渡年份计算现有断路器。

在系统设计中，应计算三相短路电流和单相短路电流，如单相短路电流大于三相短路电流时，应研究电网接地方式和连接点数目。

当短路电流水平过大，需要更换大量现有断路器时，应在电力系统规划设计中研究限制短路电流的措施。

2. 调相、调压计算

在系统各种正常运行和事故运行模式下，无功补偿应满足电压水平的要求，达到经济运行的效果。原则上，无功局部分层和分区应基本平衡。

无功补偿通常分为开关电容和电抗器。当系统的稳定性有特殊要求时，需要对相机或静止无功补偿器的安装进行研究。

经过调相和调压计算，当变电站母线在各种运行方式下的运行电压不符合电压质量标准时，应研究增加无功补偿装置以满足电压质量标准。增加无功补偿装置后，当电压波动幅度不能满足要求时，可选择有载调压变压器。除上述情况外，一般应在供电和配电网络中安装有载调压变压器。

当自耦变压器需要有载调压时，应采用中压侧线来调节电压。

在选择变压器额定电压和抽头时，应考虑系统未来发展中潮流变化的需要。

3. 工频过电压

330～350kV 电网工频过电压水平、线路断路器变电站侧和线路侧不应超过电网最大相电压（有效值，kV）分别为 1.3 倍和 1.4 倍。采用氧化锌避雷器时，工频过电压水平可适当提高，线路侧过电压可提高到 1.5 倍。

工频过电压的计算应以正常运行方式为基础，外加一种异常运行方式和一种故障类型。

正常运行模式包括电厂单机运行和过渡年电网开环运行，异常运行方式包括接触变压器退出、中间变电站主变压器退出、故障时局部系统退出等。然而，当单相变压器组有备用相时，不能考虑变压器组退出运行。

线路一侧有单相接地、三相断开或仅无故障三相断开两种情况。

在工频过电压计算中，发电机采用恒暂态电位和暂态电抗表示，负载用恒阻抗表示。

4. 潜供电流计算

潜电流的允许值取决于潜弧自灭时间的要求。潜电流的自闭合时间等于单相自动重合闸非电流间隙时间减去电弧分离时间。应结合系统的稳定性计算，确定单相自动重合闸无电流间隙时间。电弧分离时间应为 0.1～0.15s，并应考虑到一定的裕度。

为了计算系统的潜在供电电流和恢复电压，应考虑系统在暂态过程中的晃动，并以摇摆期的最大电位供电电流作为设计依据。

高压并联电抗器中性点以小电抗连接，选择快速单相接地开关或良好导体架空地线作为限制电位供电电流的措施，应结合系统的特点，结合其他方面的需要加以论证。

5. 经济比较

静态电网设计方法只对下一级年的电网连接进行经济比较，在进行成本比较时，可以不考虑资金折价；动态电网设计方法进行成本比较时，必须考虑资金的时间价值。

以上技术经济比较是电网方案选择的一个重要因素，但不是唯一的决定性因素。在选择备选方案时还应考虑到下列因素：

第一，主干电网结构。

第二，厂内接线。

第三，运行灵活性。

第四，是否方便过渡。

第五，电源和负荷变化的适应性。

第六，对国民经济其他部门的影响。

第七，国家资源利用政策（如土地、矿藏等）。

第八，国家物资、设备的平衡。

第九，环境保护和生态平衡。

第十，该项目的规模和措施是否符合现有技术水平。

第十一，缩短建设工期和改善技术经济指标的可能性和必要性。

第十二，建设条件和运行条件。

第十三，对人民生活条件的影响。

第十四，对远景发展的适应情况等。

网络结构设计步骤如下：

第一，确定负荷水平和电源配置。

第二，是平衡电源，明确输电线路的输电容量和方向。

第三，批准的传输距离。

第四，制定电网规划。

第五，进行必要的电气计算。

第六，进行技术经济比较。

第七，综合分析，提出了推荐方案。

（三）发电厂接入系统设计安全检验

1. 发电厂接入系统的原则

（1）分层的原则

所谓分层原理，是指根据电网的电压等级，即电网的传输容量，将电网从上到下划分为几个结构层次。为了充分发挥各级电网的输电效益，一般情况下，不同容量的发电厂（负荷）应分别接入相应的电压网络。

在接收系统主电厂建设中，不能只关注局部供电负荷。作为一个大型电网，其主要功能之一是实现对接收系统的电压支持，提高整个电网的稳定水平，以接收更多来自远程电源的电能。建设电厂要在现场供电，但形成大型电网前形成定制概念。大电网发展后，从提高电网的稳定性和灵活性，简化电厂与电网的连接，或获得短路电流的合理配合，考虑断路器等设备的选择和配置，将大容量电厂接入合适的高压电网，从高压电网向区域负荷供电，已成为世界各国发展的共同趋势。

（2）分散外接电源的原则

电厂接入系统大致可以分为两种方式：一种是电源总线（网络）方式，另一种是单元式。

本文通过对国内外主要电网事故的分析，总结出一个关于电网结构必须充分注意的结论：如果电网小时发生事故，尽量不切断电源，因为供电有限，否则会损失更多的负荷，但对于大电网，为了防止整个电网的崩溃，应该改变这种节约用电的观念。如果系统出现故障，则需要在降低传输容量的同时，将相应的电源容量转储。这种把重点放在保护网络而不是保留单个电源的观点，是确保在发生严重故障时不发生恶性连锁反应和防止整个网络崩溃的非常重要的经验。

根据我国电网的实际情况，电网规模越大，机组接入方式越适合，因为这种结构能够满足上述要求，即为消除恶性链式反应提供了前提条件。

利用单元接入系统防止一组功率传输电路的传输容量过于集中是一种有效的方法。当一组输电线路发生故障时，只有这一组输电线路的发电厂处于供电侧，而其他输电线路的发电厂在接收端，这就加强了对接收端系统的支持，这不仅使一个非常复杂的电网稳定性问题接近单机到无穷大的母线系统，而且通过稳定性计算分析和运行实践证明，与输电侧多个单元的连接方式相比，小区接入系统将获得更高的稳定水平或更大的输电容量。

2. 发电厂与系统连接的网络方案

电厂与系统连接的网络方案应从实际情况出发，根据电厂的设计方案或水、火电厂的不同特点，有针对性地进行工作。例如，对于区域大型电厂，应重点研究与电厂和大系统有关的问题；对于区域发电厂，应重点关注与电厂和区域系统有关的问题；对于水电厂，应注意研究扩网后的调峰或补偿和调节效益。

在设计电厂电网结构时，应注意防止发生重大事故时因负荷转移引起的恶性连锁反应（考虑到实际可能发生的多重故障）。还应注意避免一组输电线路的输电能力过度集中，以及在发生严重事故时由于失去过多的供电容量而导致接收系统崩溃。

第一，每组输电线路的传输容量应保证与其相连的发电厂的容量。

第二，除了共享一组电源电路外，还必须避免在传输端连接远程大电源和大电源；发送到同一方向的几组功率传输电路不应在传输端连接。如果技术和经济效益很大，在发生严重事故时，必须能够可靠和迅速地不列入清单。

第三，在发生事故时，必须考虑向不同方向发送的几套输电线路，如在输电端连接，并采取快速除名或切断措施，以防止因负荷转移而导致事故的扩大。

水电站输电线路的输电容量应能满足高水季水力发电和调峰的需要。为了特别利用季节性电能建立一条长途线路，可在进行技术经济论证后加以确定。

当电厂接入系统的输电线路在正常情况下突然丢失时，除了保持系统的稳定性外，一般也应该能够维持正常的电力传输。

在500kV电网建设初期，只要输电功率只占接收系统容量不过大，主发电厂可以先用一条线路接入系统，但当线路丢失时，应采取措施保持接收系统的电压和频率稳定。

在双路、多路超高压（500kV）长距离重载线路接入系统的设计中，在发生重大事故时，可以考虑水力发电机组或快速压电、火电机组的远程和局部拆除等技术措施，以保证电网的安全稳定，但在电厂设计中需要同步设计和建设可靠的遥控通道。在正常和有代表性的运行模式下，应根据潮流的经济电流密度来选择电厂的导线段，并应利用严重运行方式的潮流来检验是否允许导线加热。在大城市或人口密集地区，由于出口走廊拥堵，发电厂宜采用大断面导线或双回线。

（四）受端系统与联络线设计安全检验

1. 受端系统设计

接收系统是电力系统的组成部分，集中在集中负荷区域，包括区域和邻近发电厂，将集线器变电所与这些电源连接起来，以更密集的网络接收来自外部和远程电源的电力和电力输入。

在电力系统的规划设计中，必须加强和逐步扩大相邻主负荷集中区域（包括供电）之间的网络连接，最终形成一个强大的接收机。在各种正常和维修条件下，接收系统应满足下列要求：

第一，接收系统中任何严重的单一故障（包括线路和母线三相短路）都必须能够可靠、快速地排除，以保持系统的稳定性。

第二，当任何元件（线路或变压器）突然丢失时，其他部件不得超过事故过载要求。

在正常运行模式下，应同时保持正常供电；在正常维护模式下，也应满足上述两项要求，但应采取必要措施（如切机、切负荷等）。

为了保持电力系统的高稳定水平，应努力降低接收系统的功率阻抗，使接收系统主网络的电压母线保持一定的短路容量，母线电压振荡时，母线电压不太低。如果接收系统缺乏与主网电压直接相连的区域主电源，当技术经济论证对保证整个系统的稳定性有很大影响时，就可以安装一个容量合适的大相位调制单元。

接收端系统应具有无功事故补偿能力。当大容量输电线路突然断线，或区域发电厂容量最大的调相单元（发电机）突然断开时，接收端变电所高压母线事故的压降不应超过正常值的 5%～10%（设计时选择低值），以保证该地区不间断供电。在特殊系统的情况下，可以通过链条切断负荷，切断压缩机机组的输出，或切断机器。

大城市负荷中心枢纽变电所在接收端系统中的容量和数量不应过于集中。

一是当任何变电站完全关闭时，它不会在接收区域造成完全关闭。同时，应采取自动化措施，确保重要负荷的安全供电。

二是有利于简化低压电网，实现分段供电。

加强接收系统，应加强接收系统中最高电压的网络连接，加强接收系统的电压支持，即为建设与接收系统中最高电压网络直接相连的主电厂创造条件。

满足上述要求的接收系统能够提供足够的短路容量（即小的接收阻抗）和接近相对无穷大的足够大的惯性；由于连接紧密，所有内部同步电机都可以在各种暂态条件下同步运行。对于这样的接收系统，只要每个外部电源发送的有功功率占整个系统总容量的比例太大，当任何外部电源发生故障时，接收端系统就可以将外部电源的其余部分拉在一起，并同步运行，形成机器到无穷大的模式。这是维护系统安全稳定的理想模式。即使故障的功率支路失去同步或全部退出系统，也很容易采取可行的措施提前处理，不会发展成整个网络的停电。因此，接收系统是整个电力系统的核心，只要接收系统安全稳定，就能保证整个系统的安全性和稳定性。

接收系统越强，就越有能力接收外部远程大容量电厂发送的大量电能，并且具有较高的灵活性。供电建设和负荷发展对建设和运行造成的不确定因素所造成的问题，很容易解决。

2. 系统联络线设计

第一，联络线的有效性。

系统间联络线的输电容量，包括输电方式、电压等级和线路数目，应结合电网的具体情况，根据方案的性质和功能来考虑。

应进行可行性研究，以确定其性质和功能，并应具体分析联网的技术和经济效益，包括：

①可增大的电网总的供电能力。

②可减少的电源备用装机容量。

③可提高的可靠性指标。

④可得到的错峰效益与调峰效益。

⑤可提高的有功功率经济交换的效益，包括水、火电综合利用，跨流域水电补偿效益等。

⑥建设联络线可节约连接两个地区电网的送变电及有关设施的投资及运行费用。

第二，网络的结构。

①一点联网。系统与系统间只是在一点（同杆并架双回线）联网，运行中易于控制，事故时易于采取措施。

②环形联网。

③大环联网。

3. 联络线的电压等级

线路电压电平的选择应根据需要传输的功率量和线路距离的长度来确定，这与主网的最高电压是一致的。如果用低压线路连接，不仅输电能力有限，而且网络的效益也不容易发挥。

4. 保持联络线负荷的稳定性

对于交流系线，系统两侧的主发电厂应配备自动发电控制装置，实现对系线功率偏差的自动控制，以保持系统两侧供需的基本平衡，以免在系统一侧负荷波动时，自然地通过系线向另一侧吸入或吸收过多的电能。这项措施应是联网的必要条件。

5. 防止意外的不良连锁反应

在系统的一侧，系线是电源线，而另一边是载重线。

通过系线的最大功率不应占系统两侧的很大比例。如果系统的待机容量为负载的20%，则系线的传输功率一般不应大于较小侧系统容量的10%。这是因为当接驳线突然断开时，不会对系统的任何一方造成严重后果。

另一方面，由于联网，系统一侧的事故可以通过联络线传播到另一侧。如何防止网络事故的扩大，也是网络规划、设计和实际操作中亟待解决的问题。因此，当两个系统不能通过联络线或系统的任何一方发生事故时，都应采取相应的措施，防止链式反应扩大事故的范围，从而导致线路电压崩溃或过载。如果在系线供电的系统中失去电源，则结果比不连接系线时更严重。

（五）无功电源不足对系统的影响及措施

1．影响

无功电源不足，即无功并联补偿容量不能满足无功负荷的需要，无功电源和无功负荷处于低压平衡状态。由于电力系统运行电压水平低，给电力系统带来了一系列的危害。

（1）设备产量不足

线路和变压器的允许容量减少，并联电容器根据电压平方关系减少无功电源，发电机输出减少 10%～15%，有功和无功输出分别减少 10%～15%。

（2）电力系统的损耗在增加

增加了发电厂的供电，提高了线路和变压器的有功和无功损耗，使线路电压平均降低了 15%，线损增加了 32%左右。

（3）设备损坏

由于电压较低，使用户电机输出电压降低 20%，电机转矩降低 36%，电流增加20%～25%，设备温度提高 12%～15%；电压低时，电机轴功率不足，绕组过流被迫停止，甚至设备烧毁；电压低时荧光灯寿命缩短 10%，电压低时点火困难。

（4）降低了电力系统的稳定性

无功补偿能力不足迫使发电机增加无功率输出，迫使接收系统电压降低。当输电线路发生故障时，由于无功电源的严重短缺，使接收系统的电压进一步降低。如果电压低于额定电压的 70%，可能会导致电压崩溃事故，导致大面积停电。

无功电源容量大，但运行管理不当，调相调压手段不足，会造成高压危害。例如，设备的光绝缘降低了寿命，严重的故障烧毁；导致设备兴奋过大，电流增加产生谐波，使设备发热；照明设备的寿命急剧下降等。但是，在系统中加强无功管理，强调无功电源与负荷的平衡，辅以有载电压调节等措施，一般不增加设备，可以解决用户电压过高的问题。

2．措施

（1）应根据电压原理进行补偿

并联电容补偿最基本的要求是满足无功负荷的基本要求，使电力系统的电压在规定的范围内运行，以保证电力系统运行的安全性和可靠性。当电厂出厂电压低于 220kV 时，母线电压不应高于额定电压的 10%。因此，在各级电网的接收端允许 10%的电压降。

线路电压降越大，无功率越大。考虑到发电机的无功容量和根据电压原理进行的无功补偿，线路可以向接收机发送更多的无功率。该原则适用于低无功补偿容量的电力系统，不能按经济补偿原则要求。根据电压补偿原理，增加了电网中的无功潮流和流量距离，并相应地增加了电网的有功功率损耗。

（2）赔偿应按照经济原则进行

在电力系统无功补偿设备丰富，电网运行管理水平较好的情况下，应按照降低有功损耗和降低电网年成本的经济原则，即局部划分的分层平衡，对并联无功补偿进行补偿和分配。在 500（330）kV 和 220（110）kV 电网之间，应提高运行功率因数，甚至不应交换无功率。供电局（供电公司）是一个平衡区，500kV 变电站可以作为供电区，35～220kV 变电站可以作为平衡单元，以防止区域和变电站之间的大量无功。对于用户来说，当需要最大有功负载时，功率因数补偿为 0.98～1.0，并要求补偿容量随无功负荷的变化及时调整平衡，以避免向系统发送无功率。

（3）无功补偿优化

无功补偿设备的经济合理配置是电力系统经济运行和节约电力建设投资的一个重要方面。然而，为了获得最佳的补偿容量和配置方案，其计算工作量很大，是在没有计算机的情况下无条件地进行的。目前，现代计算工具为无功补偿的优化提供了物质基础。

在满足电压等安全约束条件下，无功补偿优化的目标函数一般有两种选择：

①以达到全系统网损最小为目标。在运行电力系统中，总无功补偿可以看作是一个常数，但负荷潮流却是不断变化的。为了最大限度地减少系统的网损，每个补偿点的无功率分配应根据不同的运行方式不断调整，即不断调整其输出以达到效果。以全系统网损最小化为目标的无功补偿优化，可针对大负荷、小负荷等多种运行方式，提出无功补偿的最优分配方案，以满足运行部门调整无功补偿的需要。

②经济效益最大为目标。在合理补偿的前提下，提高补偿容量，提高电压质量，降低网损。然而，提高补偿能力需要投资。因此，在减少网络损失和节约投资之间有着综合的经济效益。优化的结果是经济效益最大，年成本支出最小。以经济效益最大化为目标的无功补偿优化适用于无功规划和分配设计，以确定无功补偿的数量和分布。

（六）投入并联电容器装置后防止高次谐波危害的一般措施

并联电容器装置安装后，可防止引起高次谐波放大和谐波振动，主要为 3、5、7 次谐波。目前，我国一般的反谐波措施是将 5%～6% 的电抗器串联在电容器组中，使电容器支路对五次或五次以上谐波敏感。对于三次谐波，在 5%～6% 电抗器串联的基础上，根据三次谐波的大小，可进一步采取以下措施：

第一，适当选择分组容量，避免三次谐波放大区。该措施只能满足电容器组仅限于保护电容器器件的总电流。然而，它仍然放大了三次谐波电流，即系统中的三次谐波电流大于将电容器组放入电容器组之前的电流。

第二，部分或全部电容器组与 12%～13% 电抗器相连，使电容器组对三次或三次以上谐波敏感。电容器装置投入运行后，系统中原有三倍以上的谐波电流不会被放大。

第三，对于安装在低压侧的电容器组，当补偿容量大且低压侧无馈电负载时，其部分容量可转换为第三滤波器，使系统到变电站的三次谐波电流不会被电容器组放大。

如果采取适当选择分组容量的措施，变电站中的 5 次和 7 次谐波在放入电容组时仅轻微放大，不足以造成危害，5％～6％串联电抗器不能安装，但只能根据冲击电流的大小安装限流电抗器。

第二节　变电设计技术规范

变电站设计是工程建设的关键环节，是工程建设的灵魂。变电站设计技术规范是变电站设计应遵循的主要原则。该部分主要从电气初级设计、电气二次设计和土木工程专业设计三个方面给出变电站设计人员应遵循的基本技术规范。

一、电气元器件

（一）主变压器

第一，要根据区域供电条件、负荷特性、用电容量和运行方式，综合确定主变压器的数量和容量。

第二，两台主变压器应安装在具有一次和二次负荷的变电所中，在技术和经济比较合理的情况下，可以安装两台以上的主变压器。当变电站从中、低压侧电网获得足够的工作电源时，可安装主变压器。

第三，当一个主变压器断开时，其他主变压器的容量（包括过载容量）应能满足配备两个或两个以上主变压器的变电站的所有一次和二次负荷功率消耗的要求。

第四，在具有三种电压的变电站中，主变压器各侧绕组的功率达到变压器额定容量的15％以上，主变压器应采用三绕组变压器。

第五，主变压器应选用低损耗低噪声变压器。

第六，在潮流变化大、电压偏移大的变电站，当普通变压器不能满足电力系统和用户的电压质量要求时，应采用有载调压变压器。

（二）电气主接线

第一，应根据变电站在电网中的位置、出站线路数目、设备特点和负荷性质确定变电站主接线，满足供电可靠、运行灵活、操作维护方便、节省投资、易于扩展的要求。在满足供电规划要求的条件下，变电站应降低电压等级，简化接线。

第二，在满足变电站运行要求的前提下，变电站高压侧应采用少断路器或无断路器的接线方式。

第三，35～110kV 电气线路应采用桥型、伸缩式桥型、线路变压器组或线路支路连接、单母线或单母线段接线。

第四，当 35～66kV 线路为 8 次以上时，宜采用双母线接线。当 110kV 线路为 6 次或以上时，宜采用双母线接线。

第五，当变电站配置两个或两个以上主变压器时，6～10kV 电气线路应采用单母线段，分段方式应满足负荷分配的要求，当主变压器关闭时，有利于其他主变压器。

第六，当需要限制变电站 6～10kV 线路短路电流时，可采取以下措施之一：

①变压器单独工作。

②采用高阻抗变压器。

③变压器电路串联限流装置。

第七，与母线相连的避雷器和电压互感器可与一组隔离开关结合使用。与变压器引线连接的避雷器不应配备隔离开关。

（三）照明

第一，变电站照明设计应符合现行国家标准"建筑照明设计标准"GB 50034 的相关要求。

第二，应在控制室、配电安装室、电池室和主通道安装事故照明。

第三，照明设备的安装位置应满足维修安全要求。

第四，监控屏应避免明显的反射眩光和直射日光。

第五，铅酸蓄电池室内照明应采用防爆照明器，不应在蓄电池室安装防爆电器。

第六，当电缆隧道的照明电压不应超过 24V 时，应采取安全措施，防止在超过 24V 时发生电击。

（四）并联电容器装置

第一，并联电容器装置应安装在自然功率因数不符合规定标准的变电站。其容量和分组应按照局部补偿原理配置，易于调整电压，无谐振。电容器装置应安装在主变压器的低压侧或主负载侧。

第二，电容器装置的连接应将电容器组的额定电压与连接到电网的工作电压相匹配。电容器组的绝缘水平应与电网的绝缘水平相匹配。电容器装置应采用星形或双星连接，中性点出土。

第三，电容器装置的电器和导体的长期允许电流不应小于电容器组额定电流的 1.35 倍。

第四，电容器装置应配备独立的控制、保护和放电设备，并设置单个电容器的熔断器保护。

第五，当电容器装置的高谐波含量超过规定的允许值或需要限制合闸涌流时，应在并联电容器组电路中设置串联电抗器。

（五）并联电容器装置

第一，变电站电缆的选型和敷设设计应符合现行国家标准"电力工程电缆设计规范"GB 50217 的有关规定。

第二，变电站供电线路的电缆不应放置在同一通道（沟槽、隧道、竖井）。在不可避免的情况下，应采取有效的防火屏障措施。

第三，10kV 及以上高压电力电缆和控制电缆应分为通道（沟渠、隧道、竖井）敷设或其他有效的防火屏障措施。

第四，变电站不应使用电缆中间接头。

（六）房屋内外的分配设备

第一，屋外配电设备的安全净距离须符合表6-3的规定。

当电气设备外部绝缘子的最低部分离地面不到2.5m时，应安装固定围栏。

表6-3　屋外配电装置的安全净距（mm）

符号	适应范围	额定电压（kV）							
		3~10	15~20	35	63	110J	110	220J	500J
A1	带电部分至接地部分之间 网状遮栏向上延伸线距地2.5m处与遮栏上方带电部分之间	200	300	400	650	900	1000	1800	3800
A2	不同相的带电部分之间 断路器和隔离开关的断口两侧引线带电部分之间	200	300	400	650	1000	1100	2000	4300
B1	设备运输时，其外廓至无遮拦带电部分之间 交叉的不同时停电检修的无遮拦带电部分之间 栅状遮栏至绝缘体和带电部分之间	950	1050	1150	1400	1650	1750	2550	4550
B2	网状遮栏至带电部分之间	300	400	500	750	1000	1100	1900	3900
C	无遮拦裸导体至地面之间 无遮拦裸导体至建筑物、构筑物顶部之间	2700	2800	2900	3100	3400	3500	4300	7500
D	平行的不同时停电检修的无遮拦带电部分之间 带电部分与建筑物、构筑物的边沿部分之间	2700	2300	2400	2600	2900	3000	3800	5800

注：
①110J系指中性点有效接地电网。
②海拔超过1000m时，A值应进行修正。
③本表所列各值不适用于制造厂的产品设计。

第二，屋内配电装置的安全净距应符合表6-4的规定。

当电气设备外绝缘体最低部位距地面小于2.3m时，应装设固定遮栏。

表6-4　屋内配电装置的安全净距（mm）

符号	适应范围	额定电压（kV）									
		3	6	10	15	20	3	62	110J	110	220J
A1	带电部分至接地部分之间	75	100	125	150	180	300	550	850	950	1800
	网状和板状遮栏向上延伸线距地2.3m处与遮栏上方带电部分之间										
A2	不同相的带电部分之间	75	100	125	150	180	300	550	900	1000	2000
	断路器和隔离开关的断口两侧引线带电部分之										
B1	栅状遮栏至带电部分之间	825	850	875	900	930	1050	1300	1600	1700	2250
	交叉的不同时停电检修的无遮栏带电部分之间										
B2	网状遮栏至带电部分之间	175	200	225	250	280	400	650	950	1050	1900
C	无遮栏裸导体至地楼面之间	2500	2500	2500	2500	2500	2600	2850	3150	3250	4100
D	平行的不同时停电检修的无遮栏裸导体之间	1875	1900	1925	1950	1980	2100	2350	2650	2750	3600
E	通向屋外的出线套管至屋外通道的路面	4000	4000	4000	4000	4000	4000	4500	5000	5000	5500

注：
①110J系指中性点有效接地电网。
②当为板状遮栏时，其B2值可取A1+30mm。
③通向屋外配电装置的出线套管至屋外地面的距离，不应小于表6-4中所列屋外部分之C值。
④海拔超过1000m时，A值应进行修正。
⑤本表所列各值不适用于制造厂的产品设计。

第三，在地震烈度在8度或以上的地区，应在屋外设置配电设备，但其母线不应由硬导体支撑。

（七）类型选择

第一，在选择配电设备类型时，应考虑到它们所在地区的地理情况和环境条件。通过技术和经济比较，应优先考虑占用一小块土地的分配设备的类型，并应遵守下列规定：

①市区及污染区35~110kV配电设备应采用室内配电设备。

②在大城市中心区或其他环境特别恶劣的地区，10kV配电设备可采用SF6全封闭组

合电器（GIS）。

第二，地理信息系统应采用房屋布局。在室外布置 GIS 时，应考虑气温、日温差、日照、冰雹、腐蚀等环境条件的影响。

第三，在采用管道母线分配装置时，管道母线选用单管结构，支撑型式适合固定模式。支持式管型母线在无冰无风时的挠度不应大于（0.5～1.0）D，D 为管型母线直径。在使用管状母线时，应采取措施消除端面效应引起的内应力、风振动和温差对绝缘子的支撑作用，并采取其他措施消除末端效应、微风振动和温差引起的内应力。

第四，低压系统应由三相四线制构成，系统的中性点应直接接地。系统额定电压 380/220V。

第五，所使用的电动母线采用按工作变压器划分的单总线。分段或接触断路器可以配置在相邻的工作母线之间，但电源应同时单独工作。在两个工作母线之间安装自动输入装置是不合适的。

第六，220kV 变电站应从主变压器低压侧连接两个容量相同的工作变压器，备用时可单独运行。

第七，在海拔较高、地形较窄的 35kV 开关柜中，应采用 SF6 充气柜。

第八，110kV、220kV、500kV 电流互感器的二次绕组数应分别不超过 5 个、6 个和 8 个。

第九，500kV 主变一般应选用单相、强油风冷变压器。

第十，屋外安装的消弧线圈应采用油浸式，房屋内的消弧线圈应采用干式消弧线圈。

（八）通道与围栏

第一，配电装置室内各种通道的最小宽度（净距）应符合表 6-5 的规定。

表 6-5　配电装置室内各种通道的最小宽度（mm）

通道种类 设置方式	维护通道	操作通道	
		固定式	手车式
设备单列布置	800	1500	单车长+1200
设备双列布置	1000	2000	双车长+900

注：

①通道宽度在建筑物的墙柱个别突出处，允许缩小 200mm。

②手车式开关柜不需进行就地检修时，其通道宽度可适当减小。

③固定式开关柜靠墙布置时，柜背离墙距离宜取 50mm。

④当采用 35kV 手车式开关柜时，柜后通道不宜小于 1.0m。

第二，房屋内布置的地理信息系统应设有通道。通道的宽度应满足运输部件的要求，但不得小于 1.5m，应根据现场作业的要求确定布置在屋外的 GIS 通道宽度。

第三，设置于屋内的油浸变压器，其外廓与变压器室四壁的最小净距应符合表 6-6 的规定。

表6-6　油浸变压器外廓与变压器室四壁的最小净距（mm）

变压器容量（kV-A）	1000 及以下	1250 及以上
变压器与后壁、侧壁之间	600	800
变压器与门之间	800	1000

对于就地检修的室内油浸式变压器，可根据悬挂铁芯要求的最小局部度，将变压器室内高度提高700mm，在变压器两侧加装800mm即可确定其宽度。

第四，安装在房屋内的干式变压器外侧面与周围壁的净距离不应小于0.6m，干式变压器之间的距离不应小于1m，应满足检修要求。

全封闭干式变压器不受上述距离的限制。

第五，厂区室外配电设备应设置围栏，高度不得小于1.5米。

第六，配电设备中电气设备的网格高度不应小于1.2米，从最低栏杆到地面的净距离不应大于200mm。配电设备中电气设备的筛网高度不应小于1.7m，筛网孔不应大于40mm×40mm。

第七，变电站进入道路应为公路型，城市变电所应采用城市型。路宽应根据变电站的电压等级确定：110kV及以下变电站为4.0M；220kV变电站为4.5米。

第八，在满足运行、维护、消防和设备安装要求的同时，变电所的道路布置也应符合带电设备安全间距的规定。220kV及以上变电站的主干道应布置成环形，若回路困难，应满足回线条件。

第九，路面宽度为0.6×1.0m，纵坡大于8%时，应采取防滑措施。

（九）防火和储油设施

第一，如果总油量超过100公斤，应在单独的防爆室安装油浸式电力变压器，并安装消防设施。住宅内单个电气设备的总油量应设置100公斤以上的储油设施或堵油设施。堵油设施的设计应能容纳20%的油量，并将事故油排放到安全的地方。当事故油不能排放到安全的地方时，应建立一个能够容纳100%油量的储油设施。排水管内径的选择应能尽快排出油，但不应小于100mm。

第二，在防火要求高的地方，有条件时选择不易燃或耐火变压器是适当的。在民用高层建筑中，油浸变压器不适用于一楼或地下的变压器，其他楼层的变压器严禁使用油浸变压器。

第三，屋外一个充油电气设备储油罐的油量在1000公斤以上，应设置一个可容纳100%油量的储油罐，或20%的储油罐和挡油墙。如装有储油罐或含油量20%的挡油墙，则该等油类须排放至安全地方，并不得造成污染危险。设置安全事故油水分离储油罐时，其容量不得小于最大油箱油量的60%。储油罐和挡油墙的长、宽尺寸可根据设备外廓尺寸两侧相应的大1m进行计算。在储油罐周围，应该比地面高100毫米。储油罐应设置厚度不小于250mm的卵石层，卵石直径应为50~80mm。

第四，油重均为2500kg以上的屋外油浸变压器之间无防火墙时，其最小防火净距应符合表6-7的规定。

表 6－7　油浸变压器最小防火净距

电压等级（kV）	最小防火净距（m）
35 及以下	5
63	6
110	8
220	10

第五，在室外油浸变压器之间设置防火墙时，防火墙的高度不应低于变压器油枕的顶高，且变压器储油池两侧的防火墙两端应大于 0.5m。

二、电气辅助部分

（一）一般规定

第一，电力设备和线路应配备反映短路故障和异常运行的继电保护和自动装置。继电保护和自动装置应能及时反映设备和线路的故障和异常运行状态，并应尽快排除故障并恢复供电。

第二，电力设备和线路应具有一次保护、后备保护和异常运行保护，必要时可增加辅助保护。

第三，继电保护和自动装置应满足可靠性、选择性、灵敏度和快速性的要求，并应符合下列规定：

①继电保护和自动装置应具有装置的自动在线检测、锁定和异常或故障报警功能。

②当对相邻设备和线路有匹配要求时，上下层之间的灵敏度系数和工作时间应相互协调。

③当被保护设备和线路在保护范围内发生故障时，应具有必要的灵敏度系数。

④保护装置应能尽快排除短路故障。当需要加速排除短路故障时，保护装置可以不带选择性地工作，但备用电源和备用设备的自动重合闸或自动输入装置应用于减少断电范围。

第四，在装有避雷器的线路上，保护装置的工作时间不应大于 0.08s，保护装置的启动元件的返回时间不应小于 0.02s。

第五，在正常运行情况下，当电压互感器二次回路发生故障或其他故障导致保护装置误操作时，应安装断线锁定装置；当保护装置不误操作时，应安装电压电路断线信号装置。

（二）电力变压器的保护

第一，对于升压变压器、跳台变压器和接触变压器的下列故障和异常运行状态，应安装相应的保护装置：

①绕组及其引线的相间短路和小电阻接地中性点或接地侧的接地短路。

②绕组匝间短路。

③外相短路引起的过流。

④中性点直接接地或小电阻接地时外部接地短路引起的过电流和中性点过电压。

⑤过载。

⑥油位下降。

⑦变压器油温过高，绕组温度过高，油箱压力过高，造成煤气或冷却系统故障。

第二，容量为0.4MVA及以上的油浸变压器、容量为0.8MVA及以上的油浸变压器和负载调压变压器的充油调压开关应配备气体保护。当壳体的故障产生轻微的气体或油位下降时，应立即对信号起作用；当产生大量气体时，应采取行动断开变压器两侧的断路器。气体保护应采取措施，防止由振动引起的气体保护误动作、气体继电器的引线故障等。当变压器装置的电源侧没有断路器或短路开关时，保护动作应对信号起作用，发出跳远指令，同时断开线路对面的断路器。

第三，对于变压器引线、套管和内部短路故障，应安装下列保护作为主保护，变压器两侧的断路器应立即操作，并应遵守下列规定：

①电压在10kV及以下，容量小于10MVA的变压器，应以电流快断保护。

②电压在10kV和10MVA以上的变压器，以及并联运行6.3MVA及以上的变压器，应采用纵向差动保护。

③容量小于10MVA的重要变压器可配置纵向差动保护。

④当电流快断保护的灵敏度不符合要求时，10kV电压的重要变压器或2MVA及以上容量的变压器应采用纵向差动保护。

⑤容量0.4MVA及以上的变压器，一次电压10kV及以下，绕组采用三角形星形连接，可采用两相三相继电保护。

⑥电压在220kV及以上的变压器安装数字保护时，除非电量得到保护，否则应采用双重保护。当断路器有两组跳闸线圈时，两套保护应分别作用于断路器的一组跳闸线圈。

第四，变压器纵向差动保护应满足以下要求：

①应能避免励磁涌流和外部短路引起的不平衡电流。

②应具有判断电流回路断线的功能，并能选择报警或允许差动保护动作跳闸。

③差动保护范围应包括变压器套管及其引线。如果不能包括引线，则应采取辅助措施，迅速排除故障。然而，当变压器断路器退出时，当终端变电站和电压等级为63kV或110kV的支路变电站以及旁路母线变电站被旁路断路器所取代时，纵向差动保护可在短时间内利用变压器外壳中的电流互感器，通过后备保护动作消除套管和引线故障，如果需要电网的安全稳定运行，则应切断旁路断路器电流互感器的纵向差动保护。

第五，对于外部相短路引起的变压器过流，应安装下列保护作为后备保护，并及时断开相应的断路器，同时应遵守下列规定：

①跳台变压器应采用过流保护。

②由复合电压启动的过电流保护或低压闭锁过电流保护适用于过电流保护不满足灵敏度要求的升压变压器、系统接触变压器和降压变压器。

③35~66kV及以下容量的中、小型降压变压器应采用过流保护。保护的整定值应考

虑变压器可能过载。

④110～500kV跳台变压器、升压变压器和系统接触变压器，当过电流保护不能满足灵敏度要求时，当中间短路后备保护过电流保护不能满足灵敏度要求时，应采用以复合电压启动的过电流保护或复合电流保护。

第六，外部短路保护应符合下列规定：

①单方供电双绕组变压器和三绕组变压器，每侧应安装相间短路后备保护；非电源侧保护可有二、三段时间；功率侧保护可有一段时间。

②双绕组变压器和双侧或三侧供电的三绕组变压器，方向元件应按选择性要求安装，方向应指向本地母线，但变压器两侧断路器的后备保护不应在方向上。

③低压侧支路与独立母线段相连的降压变压器，应在各支路之间设置短路后备保护。

④当变压器低压侧没有专用母线保护，低压侧短路后备保护对低压侧母线短路的敏感性不够时，应在低压侧设置相短路后备保护。

第七，在中性点直接接地的110kV电网中，当低压侧供电变压器的中性点直接接地时，外部单相接地引起的过电流应安装零序电流保护，应遵守下列规定：

①零序电流保护可分为两个阶段，其动作电流应与有关线路的零序过流保护相匹配，每一段应有两个时限，并应起到缩短故障影响范围和缩短时限，或在断路器一侧断开断路器的作用，同时变压器两侧的断路器应具有较长的运行期限。

②双绕组和三绕组变压器的零序电流保护应与中性线上的电流互感器连接。

第八，在110kV中性点直接接地的电网中，当低压侧供电变压器的中性点可能接地时，应安装外单相接地引起的过电流和接地中性点损耗引起的电压升高，并安装相应的保护装置，并应符合下列规定。

①全绝缘变压器的零序保护须按照（第七）条的规定配备零序电流保护及零序过压保护。当连接到变压器的电网选择断开变压器的中性点时，零序过电压保护应在变压器断路器两侧运行，时限为0.3～0.5s。

②分级绝缘变压器零序保护应在变压器中性点安装放电间隙。中性点直接接地和放电间隙接地应安装两套零序过流保护，并增加零序过电压保护。用于中性点直接接地运行的变压器应按（第七）规定配备零序电流保护；对于有间隙接地的变压器，应安装零序电流保护和零序过电压保护反射间隙放电。当连接到变压器的电网失去接地中性点，发生单相接地故障时，零序电流和电压保护应在变压器断路器两侧运行，时限为0.3～0.5s。

第九，220kV主变压器保护。

①变压器应以纵差保护为主，以保护变压器绕组及其引线的相间短路故障。

②作为变压器主保护中间短路故障及相邻元件的后备保护，可以在高压侧和中压侧安装复合电压锁定过电流保护装置，在低压侧可以安装电流快断和复合电压锁定过电流保护装置。为了防止变压器出现故障对变压器造成的损坏，变压器的各侧应设置限时保护，无电压锁定和无方向保护。

③变压器中高压侧应安装零序电流保护装置。该保护为两级保护，第一级保护设置为

两个时限，第一时限在局部侧（或对侧）母线/段上操作，第二时限在局部侧（或对侧）断路器上，第二级延时动作是断开主变压器两侧的断路器。

④变压器中高电压侧的中性点应配备间隙零序电流保护和零序电压保护，变压器两侧的断路器应延迟。

⑤变压器保护装置在高压侧断路器发生故障保护动作后，应具有跳断各侧断路器的功能。

⑥变压器两侧应安装过载保护，保护为单相保护，信号为延时动作。

⑦过载闭锁调压功能应由其他相关电路完成，变压器保护不应配备此功能。

⑧变压器本体应具有过载启动辅助冷却器的功能，变压器保护不应配备过载启动辅助冷却器。

⑨变压器本体应有冷却器的全关机延时电路，变压器保护不应有延时功能。

第十，对于容量为 0.4MVA 及以上的变压器、星形接线和低压侧直接接地的中性点，低压侧单相接地短路应选择下列保护方式，保护装置应在一定时间内起跳闸作用：

①在高压侧采用过流保护时，保护装置应采用三相保护方式。

②零序电流保护装置安装在低压侧的中性线上。

③低压侧安装三相过流保护。

第十一，容量 0.4MVA 及以上的变压器，一次电压 10kV 及以下，绕组采用三角形星形连接，低压侧中性点直接接地，低压侧单相接地短路可由高压侧过电流保护。当灵敏度满足要求时，保护装置应在有时限的情况下运行；当灵敏度不符合要求时，可按照（第十）款规定的②和③款安装保护装置，并应有时限地进行跳闸。

第十二，并联运行容量为 0.4MVA 及以上的变压器应安装过载保护，或作为其他备用负载电源单独工作。对于多绕组变压器，保护装置应能反映变压器两侧的过载情况。过载保护应在有时限的信号上进行。

在无人值守的变电站中，过载保护可用于跳闸或断开部分负载。

（三）3~63kV 线路保护

第一，3~63kV 线路的下列故障或异常运行应配备相应的保护装置：

①相间短路。

②单相接地。

③过载。

第二，3kV~10kV 线路相间短路保护装置的安装应满足以下要求：

①电流保护装置应连接到两相电流互感器，同一网络的保护装置应安装在同一两相上。

②备份保护应采用远后备模式。

③应在下列条件下迅速排除故障：当线路的短路使发电厂总线或重要用户总线的电压低于额定电压的 60％时；线的导体截面太小，线路的热稳定性不允许有时间限制的短路消除。

④当过流保护的时限不大于 0.5～0.7s，且本款第三条未列出任何情况时，或如无匹配要求，则不得安装暂态电流快断保护。

第三，在 3～10kV 线路上安装相间短路保护装置，应当符合下列规定：

①电流保护的两个阶段可安装在供电线路的一侧，第一级为无时限的电流快断保护，第二级为有时限的电流快断保护。具有固定或反向时限特性的继电器可用于保护的两个阶段。对于一侧供电的带电电抗器电路，当断路器不能切断电抗器前面的短路时，不应安装电流快断保护，应通过母线保护或其他保护消除电抗器前面的故障。保护装置只能安装在线路的动力侧。

②在双侧供电线路上，可安装有或无方向的电流快断和过流保护装置。当有或不带方向的电流快断和过电流保护不能满足选择性、灵敏度或快速性要求时，应以光纤纵向差动保护为主保护，并安装有或无方向电流保护作为后备保护。并行线可以安装水平差动保护，连接到两路电流之和的电流保护应作为两路同时运行的后备保护，第一线路断开后的主保护和后备保护。

第四，对于 3～63kV 中性点非直接接地电网单相接地故障，应安装接地保护装置，并应符合下列规定：

①接地监测装置须装设在发电厂及变电站的母线上，并须以讯号操作。

②应在线路上安装选择性接地保护，并对信号进行操作。当人身和设备的安全受到威胁时，保护装置应在跳闸时起作用。

③当输出电路数目较少，或难以安装选择性单相接地保护时，可依次断开线路，找到故障线路。

④单边低阻接地供电线路应安装一、两级零序电流保护装置。

第五，电缆线路或电缆架空混合线路应配备过载保护。保护装置应在有时限的信号上操作。当设备的安全受到威胁时，就会被绊倒。

（四）110kV 线路保护

第一，110kV 线路的下列故障，应装设相应的保护装置：

①单相接地短路。

②相间短路。

③过负荷。

第二，接地短路应配备相应的保护装置，并应遵守下列规定：

①安装带或不带指示的级零序电流保护是合适的。

②当零序电流保护不能满足要求时，可以安装接地距离保护，并安装一到两个零序电流保护作为后备保护。

第三，对于相间短路，应安装相应的保护装置，并应符合下列规定：

①单面供电线路，三相多级电流和电压保护，不能满足要求时，可安装相间距离保护。

②双侧供电系统，可配置舞台距离保护。

第四，在下列情况下应安装全线快速保护：

①需要系统的安全性和稳定性。

②电厂存在三相短路，使电厂母线或重要用户母线的电压小于额定电压的60%，其他保护不可能在无时限、无选择性的情况下消除短路。

（五）220～500kV线路保护配置原则

第一，根据加强主保护的基本原理配置和设置220～500kV线路保护，简化后备保护。

第二，每条220kV线路应配备两个完整的、独立的全线路快速保护，能够反映各种故障类型并具有选相功能，并且终端负载线应配备两套全线路快速移动保护，每套保护都有完整的后备保护。

第三，每套220kV线路保护应包含重合闸功能，两套重合闸应采用一对一启动和断路器控制状态及位置启动方式，而不采用两套重合闸互启和互锁方式。重合闸可以实现单、三重、禁止和停用模式。

第四，断路器故障保护由线路主保护和后备保护启动。

第五，对于50km以下220kV线路，应安装OPGW光缆，并配备双组光纤分相电流差动保护装置，如对面变电站的旁路母线，其中一条采用光纤距离保护。在有条件的情况下，保护通道可以使用特殊的光纤芯。

第六，为了有选择地排除交叉线路故障，应设置光纤通道，并为同一极和并联框架的双回路线路配备双组分相电流差动保护装置。

第七，对于电缆线路和电缆与架空混合线路，每条线路应配备两套光纤分相电流差动保护作为主保护，并配备完整的后备保护，包括过载报警功能。

第八，线路主保护、后备保护交流电压电路、电流电路、直流电源、开关输入、跳闸电路、信号传输通道的双重配置不需要电气连接。

第九，线路保护的双配置每套保护只作用于一组跳闸线圈的断路器。

第十，每条500kV线路应配备两套远程跳闸保护。远程跳闸保护应采用线路保护通道，通过局部判别使用"一取一"。没有独立断路器的断路器故障保护、过电压保护和500kV高压并联电抗器保护应开始跳远。

第十一，根据系统工频过电压的要求，对可能产生过电压的500kV线路，应配备双套过电压保护装置。

第十二，500kV线路保护按双屏方案设计，各断路器的保护和操作箱按单屏方案设计。

（六）母线的保护

第一，发电厂和主变电所的3～10kV母线和并排运行的双母线应采用发电机和变压器的后备保护，在下列情况下应安装专用母线保护：

①必须迅速、有选择地排除某一区段或一组客车的故障，以确保发电厂和电力系统的

安全运行和重要负荷的可靠供应。

②当断路器不允许在线路电抗器前移除短路时。

第二，发电厂和变电站35～110kV母线在下列情况下应配备专用母线保护：

①110kV双母线。

②110kV单母线、重要电厂和变电站35～66kV母线，根据系统的稳定性或为了保证重要用户的最低允许电压要求，有必要迅速排除母线上的故障。

第三，特殊客车保护应满足以下要求：

①双母线保护应首先跳出母线断路器和分段断路器。

②应设置简单可靠的锁定装置，或以两个以上元件的同时作用作为判别条件。

③在母线差动保护方面，应采取措施减少外部短路引起的不平衡电流的影响，并安装电流回路断线锁定装置。当交流电路断开时，应锁定母线保护，并发出报警信号。

④当一组巴士或某一段巴士被收费或封闭时，有问题的巴士应迅速而有选择地断开。

⑤当母线保护动作处于双母线状态时，应锁定并联双回路线路的水平差动保护。

第四，220kV母线保护和断路器故障保护配置原则。

①重要的220kV变电站220kV母线（最终规模220kV的变电站有4条以上线路）按目视配置两套母线保护（除线路变压器组接线外），其他母线保护按愿景配置一组母线保护。

②220kV双母线根据前景配置双母线故障保护，其他故障保护按前景配置，每组母线保护应包括故障保护功能。在双配置情况下，每组线路（或主变压器）保护动作启动一组故障保护。

③对于220kV双母线接线方式，母线和故障保护应配备电压锁定元件，母线断路器和分段断路器不能被电压锁定。可以通过软件来实现电压锁定，而不是配置单独的复合电压锁定装置。当母线差动保护装置中包含复合电压锁定功能时，复合电压锁定元件不应与母线差动元件共享CPU。

④双母线的故障保护应与母线保护共用。双母线保护（包括故障保护功能）每套保护只作用于断路器的一组跳闸线圈。

⑤对于主变压器单元，当220kV母线发生故障，变压器高压断路器发生故障时，除了与故障断路器相邻的所有断路器外，还应跳过连接到变压器另一侧的断路器，通过母线保护实现故障电流的识别和延迟。

第五，500kV母线保护。

①500kV母线应按照双原理配置双母线保护。

②每个母线（段）断路器须配备独立的充电过流保护装置，充电过电流保护应具有两个过流级和一个零序过流级的功能。

（七）电力电容器的保护

第一，3kV及以上并联补偿电容器组的下列故障及异常运行方式，应相应加以保护：

①电容器内部故障及其引线短路。

②电容器组与断路器连接线短路。

③剩余电容器因电容器组中故障电容器的去除而产生的过剩电压。

④电容器组单相接地故障。

⑤电容器组过电压。

⑥连接到电容器组的母线失压。

⑦各中性点的单相短路与电容器组的中性点相对，而电容器组的中性点不接地。

第二，并联补偿电容器组应装设相应的保护，并应符合下列规定：

①电容器组与断路器之间的连接线的短路可配置电流快断和过电流保护，且保护时间短，在跳闸时应操作。快断保护动作电流应按最小动作方式运行，当两相短路发生在电容器的端部时，有足够的灵敏度，保护的时间限制应保证当励磁涌流发生时，电容器的充电不误动作。过流保护装置的工作电流应根据长时间允许的最大工作电流来设定，以逃离电容器组。

②在电容器内部故障和引线短路时，应为各电容器安装专用熔断器。熔断器的额定电流可为电容器额定电流的 $1.5 \leqslant 2.0$ 倍。

③当电容器组中的故障电容器移除到某一数目，致使剩余电容器端电压超过额定电压 105% 时，保护带须作用于该信号；当过电压超过额定电压 110% 时，该保护须断开整组电容器。对于不同的电容器组，可采取下列保护之一：中性点出土单星连接电容器组，可安装中性点电压不平衡保护；中性点接地单星连接电容器组可配备中性点电流不平衡保护；中性点出土双星连接电容器组，可安装中性点电流或电压不平衡保护；中性点接地双星连接电容器组可配置中性点环电流差的不平衡保护；多级串联单星连接电容器组可配备分段间电压差动或桥式差动电流保护；三角形连接的电容器组可配置零序电流保护。

④电容器组单相接地故障可由与电容器组相连的母线上的绝缘监测装置检测；当与电容器组连接的母线有引出线时，可配备选择性接地保护，并对信号起作用；如有必要，应在跳闸时起保护作用。安装在绝缘支架上的电容器组不能再配备单相接地保护。

⑤电容器组应配备过电压保护，并在有时限的信号或跳闸时采取行动。

⑥电容器组应配备电压损耗保护，母线失压时，所有与母线连接的电容器均应在一定时间内跳出。

第三，当电网中的高次谐波可能导致电容器过载时，电容器组应配备过载保护，电容器组应在信号中工作或有时限地跳闸。

（八）自动重合闸

第一，自动重合闸装置应按照下列规定安装：

①3kV 及以上架空线路、电缆和架空混合线路应在断路器条件下配备自动重合闸装置，如果电气设备允许且不自动开启备用电源，则应安装自动重合闸装置。

②旁路断路器与母线接触式断路器之间应安装自动重合闸装置，作为旁路电路。

③在必要时，母线自动重合闸装置可用于母线故障。

第二，全电缆线路不应重合，应对电缆混合线路采取相应措施，防止变压器连续受到短路冲击。

第三，单面供电线路自动重合闸方式的选择应符合以下规定：

①应采用重合闸。

②当几段线路串联连接时，宜在重合闸前采取加速保护动作或顺序自动重合闸。

第四，双边电力线路自动重合闸方式的选择应符合以下规定：

①在并网运行的发电厂或电网之间，有四个或三个紧密相连线路的线路可以采用不检查同一周期的三相自动重合闸。

②在并网运行的发电厂或电网之间，两条或三条线路不紧密相连的线路可以下列方式重合：当非同步合闸的最大脉冲电流超过规定的允许值时，（A）可采用三相同步验证和无电压验证的自动重合闸；当不同步合闸的最大脉冲电流不超过规定的允许值时，（B）可以在不检查同一周期的情况下使用三相自动重合闸；没有任何其他接触并联的双回路线路，当不能使用非同步重合闸时，使用另一电路与电流三相自动重合闸。

第五，自动重合闸装置应满足下列要求：

①自动重合闸装置可由保护装置或断路器的控制状态和位置启动。

②当断路器手动断开或通过遥控装置断开时，或当断路器置于故障线路上，然后由保护装置断开时，自动重合闸不得起作用。

③在任何情况下，自动重合闸行动的数目须符合先前的条文。

④当断路器处于异常状态且不允许自动重合闸时，应锁定重合闸装置。

第六，重合闸装置启动后，应能延迟自动恢复，在此期间，断路器的三跳电路应通信，断路器应关闭或锁定（断路器低压、重合装置故障、其他保护锁定重合闸、断路器多相跳闸的辅助接触点锁定等），并通过线路保护进行三跳。当有两组重合闸装置时，只有彼此共享的线路保护才能进行三跳保护。

（九）备用电源和备用设备的自动开关装置

第一，应在下列情况下安装电源自动输入装置或设备备用设备：

①变电所和配电站采用双电源供电，其中一座往往作为备用断开。

②发电厂和变电站设有备用变压器。

③I类负荷双电源供电的巴士段。

④由含有第I类负荷的双电源供应的整套器件。

⑤一些重要机械的备用设备。

第二，备用电源或备用设备的自动投入装置，应符合下列要求：

①确保待机电源在工作电源断开后打开。

②当工作电源故障或断路器断开不正确时，自动开关装置应延迟动作。

③当工作电源手动断开，电压互感器电路断开，备用电源无电压时，不应启动自动开

关装置。

④自动输入装置只需操作一次。

⑤装置自动运行后，如备用电源或设备发生故障，则应加速保护和跳闸。

⑥工作电源的电流锁定电路可在自动投入装置时设置。

⑦当备用电源或设备同时用作多个电源或设备的备用时，自动开关装置应确保备用电源或设备只能同时用作一个电源或设备的备用。

（十）自动低频低压减负荷装置

第一，在变电站和配电站，应根据电网安全稳定运行的要求，安装自动低频低压降压装置。当电网故障导致电力短缺、频率和电压降低时，应由自动低频低压减载器断开部分二次负荷，并将频率和电压降幅限制在短期内，同时应长期恢复到允许值。

第二，根据电力系统在最不利的运行模式下可能出现的最大功率短缺，确定自动低频低压负荷解除装置的配置和断开负荷的容量。

第三，自动低频低压减载装置应按频率和电压分为几个阶段，并根据系统的运行方式和发生故障时的缺电情况分为几个阶段。

第四，在电力系统短路、自动重合闸或备用自动切换过程中，当自动低频低压降压装置出现误操作时，应采取相应措施防止误动。

（十一）同步并列

在发电厂和变电所中，可能具有异步合闸的断路器应能够同步并置并遵守下列规定：

①容量在6MW及以下的汽轮发电机可配备自动同步装置，单机容量大于6MW的汽轮发电机应配备自动同步装置。

②水轮发电机可配备自动自同步装置或自动同步装置。

③发电厂的开关站和变电所的断路器应安装自动同步装置。

④发电厂和变电站的同步装置应采用单相接线。

（十二）二次系统安全防护

第一，调度端和电站二次系统的安全保护应满足"安全分区、网络专用、横向隔离、垂直认证"的基本要求。安全保护策略正逐步从边界保护向全过程安全保护过渡。四级安全的主要设备应满足电磁屏蔽的要求，形成全方位深度防护的安全防护体系。

第二，35kV及以上变电站应与车站调度数据网建设同步配置二次系统安全保护设备。

第三，220kV及以上变电站应配备两个垂直认证加密装置，两个防火墙进行纵向边界保护。

第四，110kV及以下变电站应根据应用要求配备垂直认证加密装置和防火墙进行纵向边界保护。

第五，根据应用要求确定横向边界保护设备。

（十三）二次回路

第一，二次回路的工作电压不应超过250V，最高不应超过500V。

第二，变压器二次回路连接的负载不应超过继电保护和自动装置工作的精确等级所规定的负载范围。

第三，二次电路应采用铜芯控制电缆和绝缘线。如绝缘可能被油侵蚀，则应使用耐油绝缘导体或电缆。

第四，用 450V/750V 控制电缆的绝缘水平。

第五，在强电控制回路中，铜芯控制电缆和绝缘线的最小截面积不得小于 1.5 立方毫米。在弱电控制回路中，铜芯控制电缆和绝缘导体的最小截面不得小于 0.5 立方毫米。电缆芯线段的选择应满足下列要求：

①电流互感器的准确等级应满足稳态比误差的要求。当短路电流倍数没有可靠的数据时，可根据断路器的额定断路电流来确定最大短路电流。

②当所有保护及自动装置操作时，电缆从电压互感器降至保护及自动装设屏幕的压降不得超逾额定电压的 3%。

③在最大负荷下，从操作母线到设备的电压降不得超逾额定电压的 10%。

第六，控制电缆应选择多芯电缆，并应留出适当的备用芯。不同截面的电缆，电缆芯的数目应当符合下列规定：

①6mm^3 电缆，不应超过 6 芯。

②4mm^3 电缆，不应超过 10 芯。

③2.5mm^3 电缆，不应超过 24 芯。

④1.5mm^3 电缆，不应超过 37 芯。

⑤弱电回路，不应超过 50 芯。

第七，电流互感器应当符合下列规定：

①用于继电保护和自动装置的电流互感器应满足误差和保护动作特性的要求，并应选择 P 类产品。

②根据实际工程实践，电流互感器二次绕组额定电流可选用 5A 或 1A。

③用于差动保护的电流互感器应具有相同或相似的特性。

④继电保护用电流互感器的安装位置和二次绕组的配置应考虑消除保护死区。

⑤有效接地系统的电流互感器和重要设备电路应按三相配置，非有效接地系统的电流互感器可根据具体情况配置。

⑥当测量仪器与保护或自动装置共用电流互感器的同一次绕组时，该保护或自动装置须连接在该测量仪器的前面。

⑦电流互感器的二次回路只需少量接地，应在局部接线箱中接地。几组具有直接电路连接的保护电路应通过保护屏上的终端行接地。

第八条电压互感器应当符合下列规定：

①用于继电保护及自动装置的电压互感器主二次绕组的准确级为 3P，其余绕组的准确级为 6P。

②电压互感器剩余绕组的额定电压为有效接地系统 100V，非有效接地系统 100V。

③当测量仪器与保护或自动装置共用电压互感器的二次绕组时，应选择用于保护的电压互感器。此时，保护或自动装置和测量仪器应分别通过各自的熔断器或自动开关连接。

④电压互感器一次侧隔离开关断开后，应防止电压互感器的二次回路产生电压反馈。

⑤电压互感器二次侧的中性点或线圈应接地。对于有效接地系统，采用二次侧中性点接地方式，对非有效接地系统采用 B 相接地方式或中性点接地方式，对 V-V 型电压互感器采用 B 相接地方式。电压互感器剩余绕组的前端之一应该是接地。电压互感器的接线位置应设在保护室内。向交流操作的保护装置和自动装置供电的电压互感器应通过故障保险公司接地。B 相接地电压互感器的二次中性点也应通过击穿保险商接地。

⑥在电压互感器的二次回路中，除剩余绕组外，应安装熔断器或自动开关。可能损坏的设备不应安装在地线上。当使用 B 相接地时，应在线圈的前部和接头之间安装熔断器或自动开关。应在引线上安装熔断器或自动开关，以测试电压互感器的剩余绕组。

第八，继电保护和自动装置应由可靠的直流电源装置（系统）提供。直流母线电压允许波动范围为额定电压的 85%～110%，波纹系数不应大于 1%。

第九，继电保护和自动装置电源保护设备的配置应当符合下列规定：

①当安装单元中只有一个断路器时，继电保护和自动装置可与控制回路共用一组熔断器或自动开关。

②当安装装置内有多个断路器时，安装单元的保护及自动装置回路须设置独立的熔断器或自动开关。每个断路器控制电路熔断器或自动开关可以单独设置，也可以连接到共同保护电路熔断器或自动开关。

③为两个或多于两个装设装置的公用保护及自动装置电路，须设置独立的熔断器或自动开关。

④发电机出线断路器和退磁开关控制电路，可与一组熔断器或自动开关相结合。

⑤应监测电源电路的保险丝或自动开关。

第十，继电保护和自动装置信号回路保护设备的配置，应符合下列规定：

①继电保护和自动装置信号电路应配备熔断器或自动开关。

②共用讯号回路须设置独立的保险丝或自动开关。

③应监测信号电路的保险丝或自动开关。

（十四）调度自动化

第一，调度自动化系统的主要设备应为冗余配置，服务器的存储容量和 CPU 负载应满足相关要求。

第二，主网 500kV 及电厂站、220kV 枢纽变电所、大型供电系统、电网薄弱、风电等新能源接入站（风电接入点）、通过 35kV 及以上电压等级线路与电网相连的风电场及装机容量 40MW 以上的风电场应配备相量测量装置（PMU）。测量信息可以上传到相关的调度机构，并提供给厂、站进行现场分析。相量测量装置（PMU）与主站之间的通信方式应统一考虑，以保证前后工程的一致性。

第三，调度自动化主站系统应由（UPS）提供，它是一种特殊且冗余的不间断供电装置，不应与信息系统和通信系统共享。交流电源应从不同的供电点通过两个通道供电。发电厂、变电站远动装置、计算机监控系统及其测控单元、变送器等自动化设备应由冗余不间断电源（UPS）或站内直流电源供电。对于具有双电源模块的设备或计算机，两个电源模块应由不同的电源提供。有关设备应配备防雷（强）电击装置，相关机柜与机柜之间的电缆屏蔽层应可靠接地。

第四，电网中的远动装置、相量测量装置、电能终端、时间同步装置、计算机监控系统及其测控单元、变送器等自动设备（分站）必须通过具有国家检验资质的质量检验机构合格产品。

第五，电厂110kV及以上电压级自动化设备在调度范围内的通信模块应是冗余的，优先采用专用设备、无旋转部件和专用操作系统。支持调节与控制一体化的厂站间隔层应具有由两个通道组成的双网络，调度主站（包括主调制和备用调整）应有两个路由不同的通信信道（主/备双通道）。

第六，是独立配置技术支持系统和通信通道，实现异地运行数据和支持系统的备份。在技术保障体系建设中，应充分考虑"调控一体化"的要求。

（十五）电力通信网及信息

第一，电力系统通信为电力调度、水库调度、远程保护、安全自动装置、调度自动化、电能计量系统、电力市场及其技术支持系统、负荷控制、电力生产信息管理系统等提供了多种信息渠道和信息交换。电力系统通信主要用于电力生产，也用于基础设施、防洪、管理等服务。

第二，由于电力系统的不间断生产和运行状态的突然变化，要求电力系统的通信高度可靠，传输时间非常快。在通信安全性、实时性、可靠性、可用性等指标上，公共通信难以满足电力系统的要求，因此有必要建立一个适合电力系统安全运行的专用通信网络。公共通信可以作为电力专用通信网的一部分，也可以作为备用。

第三，电力系统通信是电网运行中不可缺少的一部分。在进行部分电网规划、设计和建设时，应进行相应的电网通信规划、设计和建设。

第四，在电力系统设计基本完成、电网调度管理原则基本确定之后，进行电力系统通信设计。一般来说，应与继电保护和调度自动化的第二部分同时进行。

第五，根据电力系统调度生产管理模式，电力系统通信网络实现了统一调度和分层管理的原则。

第六，电力通信网的网络规划、设计和改造方案应适应电网的发展，充分满足各种业务应用的需要，加强通信网络薄弱环节的改造力度，力求网络结构合理、运行灵活、坚强可靠、协调发展。同时，设备的选择应与现有网络中使用的设备类型相一致，以保持网络的完整性。

第七，电网调度机构与下属调度机构、集中控制中心（站）、重要变电站、直接电厂和重要风电场之间在其调度范围内应有两条或两条以上独立的通信线路。

第八，电网和省级调度大楼应有两个或两个以上完全独立的光缆通道。电网调度机构、集中控制中心（站）、重点变电所、直接输变电厂、重要风电场、通信枢纽站的通信光缆或电缆，应使用不同路线的电缆槽（轴）进入通信室和主控制室，避免将同一沟槽（帧）与一次电力电缆分配，改进防火、阻燃、防火隔离等安全措施，加强醒目识别标志。如果不具备这些条件，则应采取一些措施，如电缆槽（轴）的部分隔离措施，以实现有效的隔离。为了满足上述要求，在设计时应统一规划新的通信站与全站电缆槽（机架）。

第九，同一线路的两套继电保护和同一系统的两套安全自动装置通道应分别由两套独立的通信传输设备提供，并分别由两套独立的通信电源供电。重要的线路保护和安全自动装置通道应有两条独立的线路，以满足"双设备、双路和双电源"的要求。

第十，当线路纵向保护使用多路接口设备传输允许的命令信号时，不应再延长延时。

第十一，电网调度机构与直接调度电厂和重要的变电站调度自动化之间的实时服务信息传输应采用两种不同的路由通信通道（主、备用双通道）。

第十二，通信机房和通信设备（包括供电设备）的防雷和过电压保护能力应符合与电力系统通信站防雷和过电压保护有关的标准和条例的要求。

第十三，信息系统设计开发前，有关业务部门应当按照国家信息安全等级保护的有关要求，组织对业务系统的信息安全等级保护和分级进行评估和评价，并向行业监督部门和公安部门申请信息系统等级的审批。

第十四，在信息系统的设计和开发之前，相关业务部门应组织信息安全保护的专项设计，形成一个专门的信息安全防护方案，包括风险分析、保护目标、边界、网络、主机、应用、数据等防护措施。有关业务部门和信息管理部门应当共同组织对项目计划中有关信息安全和特殊信息安全保护计划内容的评估。

第十五，信息系统的开发应遵循国家信息安全水平保护和电力二次系统安全保护的要求、公司信息系统安全的总体设计要求和系统的信息安全保护要求，明确信息安全控制点，严格执行信息安全防护设计方案。

第十六，相关业务部门应与信息管理部门一道，对项目开发商进行信息安全培训，确保项目开发商符合公司信息安全管理和信息保密的要求，加强对项目开发环境的安全控制，确保开发环境与实际运行环境之间的安全隔离。

第十七，信息管理部门和有关业务部门应组织对信息安全的特别验收审查，重点是设计安全保护计划、发展业务系统中的安全控制点、安全培训和执行安全保护措施。

（十六）电力系统安全稳定控制

第一，电力系统的扰动可分为小扰动和大扰动两类。

第二，将电力系统承受扰动的安全稳定标准划分为三个层次。

第三，安全稳定控制系统应按照分层分区原则配置，各种稳定控制措施和控制系统应相互协调。安全稳定控制系统应尽可能简单实用，安全可靠，稳定性控制措施应以切割机和直流调制为主，必要时应采取切负荷拆局部电网。

第四，利用区域安全稳定控制系统防止暂态稳定破坏时，控制范围不宜过大。

第五，通信通道是安全稳定控制系统的重要组成部分。为了保证控制站间通信的快速性和可靠性，宜选用 2M 光纤数字信道，并在有条件时可采用专用光纤芯。

第六，稳定性计算是稳定控制系统设计的基础和关键。在稳定性计算中所使用的数据应尽可能多地作为电网的实际参数。在选择电网运行模式时，应充分考虑电网调度部门的管理规范和实际需要，包括对电网安全稳定有严重影响的各种运行方式和故障形式。稳定计算的重要边界条件应与电网运行管理有关部门充分讨论和确定。

第七，稳定控制系统的设计应根据保证电网安全稳定控制的可靠性要求，确定稳定控制系统的配置方案。同时，应考虑到下列因素：

①电网的近期发展规划。

②稳控设备、稳控技术及相关专业技术的发展状况。

③电力设备和电网的结构特点和运行特点。

④故障出现的概率和其可能造成的影响。

⑤经济上的合理性。

第八，220kV 及以上稳定系统应为双配置，双配置稳定控制系统应完全独立，在设备配置、AC/DC 电源、输入输出电路、跳闸出口、通信通道（包括通信电源）等方面不存在电气连接，稳定控制装置运行后不应启动重合闸和故障保护。220kV 减载执行站可配置为一组。

第九，稳定性控制装置应选择可靠性高、运行经验成功的产品，具有良好的可扩展性、兼容性和适应性，以适应电网和新技术的发展。

（十七）变电站二次设备的接地、防雷、抗干扰

1. 接地

第一，控制电缆屏蔽层两端的可靠接地。

第二，所有敏感电子设备的工作接地不应与安全或保护接地混合。

第三，在主控制室、二次设备室等，利用光铜排（电缆）截面与变电站主接地网紧密相连的等电位接地网。

第四，在主控制室中，二次设备室电缆槽或筛（柜）下层电缆室，根据屏幕（机柜）布置方向，布设区段不小于 100mm＋专用接地铜排，与机头和端头连接，形成二次设备室内部等电位接地网。二次设备室的等电点接地网必须用至少 4 根或 4 根以上的铜线行（电缆）可靠接地，其截面积不小于 $50mm^2$。

第五，静态保护和控制装置的屏幕（机柜）下部应配备不小于 100mm 的接地铜排（电缆）。安装在屏幕（机柜）上的接地端子应连接多根铜线和接地铜排（电缆），其截面积不小于 $4mm^2$。截面不小于 $50mm^2$ 的铜排（电缆）与二次设备房间内的等电点接地网

相连。

第六，普通电压互感器的二次回路只能在控制室内进行少量接地。为了确保可靠的接地，各电压互感器的中性线不得与可能断开的开关或熔断器连接，等等。在控制室点接地的电压互感器的二次线圈应通过二次线圈中性点的放电间隙或氧化锌阀板接地，峰值击穿电压应大于 30 Imax 伏特（Imax 是电网接地故障时变电站最大接地电流的有效值，以 Ka 为单位）。应定期检查放电间隙或氧化锌阀板，以防止在电压二次回路中出现多点接地现象。

第七，只允许公用电流互感器的二次绕组和二次回路，并且必须在电流会聚点接地。

第八，与其他电压互感器和电流互感器的二次回路独立或无电气连接的二次回路，应当在开关场的点接地。

第九，微机继电保护装置屏（柜）中交流电源（照明、打印机和调制解调器）的中性线（零线）不应与等电位接地网连接。

2. 防雷

如有必要，在各种设备的交流和直流电源输入处安装电源避雷器，在通信信道中安装通信通道避雷器。

3. 抗干扰

第一，在微机继电保护装置的所有二次回路中应使用屏蔽电缆。

第二，交流电流和交流电压电路、交流和直流电路、强、弱电路以及二次电压互感器的四根引线和电压互感器开式三角绕组的两根引线，应使用各自独立的电缆。

第三，重要保护的启动和跳闸电路，如双配置保护装置、母线差和断路器故障，应使用各自独立的电缆。

第四，通过长电缆跳闸电路，采取提高出口继电器运行功率等措施，防止误动。

第五，提高微机保护的抗电磁干扰水平和保护水平，光耦工作电压应控制在额定直流电源电压的 55%～70% 以内。

第六，针对系统运行、故障、直流接地等异常情况，应采取有效的动作措施，防止保护装置单个部件损坏所造成的误动作。

第七，所有涉及直接跳闸的重要电路都应采用工作电压在额定直流电源电压 55% 和额定直流电源电压 70% 以内的中间继电器，并要求其工作功率不小于 5W。

第八，遵守保护装置 24V 不能开、出保护屏（柜）的原则，以免造成干扰。

第九，通过所述分配装置的通信网络通过光纤介质连接。

第十，合理规划二次电缆的敷设路径，尽量远离高压母线、避雷器和避雷器连接点、并联电容器、电容电压互感器（CVT）、电容和电容组合套管等设备，避免和减少回旋，缩短二次电缆长度。

三、土建部分

（一）建筑

第一，应根据变电站的电压等级确定变电站的设计标高。220kV 枢纽变电所和电压等级在 220kV 以上的变电站的高程，应高于频率为 1‰ 的洪水水位或历史上最高的洪涝水位，其他电压等级的海拔应高于频率为 2‰ 的洪水水位或历史上最高的洪涝水位。

第二，变电站应采用不少于 2.3 米高的实心墙，并可适当降低填土区的墙高。需要车站区域环境的城市变电所或者变电站，可以采用格墙或者其他装饰墙。

第三，当山区变电所的主要生产建筑和设备结构支撑接近坡面布置时，应注意边坡的稳定性和坡面的处理。

第四，膨胀土区挡土墙高度不宜超过 3m。

第五，台阶坡顶到建筑物和结构的距离应考虑建筑物基础和结构的侧压力对边坡挡土墙的影响。当基础底部垂直于坡顶边缘线的长度小于或等于 3m 时，地基底部外缘线到坡顶的水平距离应满足相关的计算要求，不应小于 2.5m。

第六，电缆隧道应设置安全出入口，当隧道长度大于 100m 时，安全出口间距不得大于 75m。

第七，进入屋顶的，应当设置子墙或栏杆，净高不得小于 1.05m。

第八，屋檐高度在 10 米以上时，应在屋脊附近安装一个屋顶维修孔（避免靠近屋檐），或在屋外设置通往屋顶的钢梯。

（二）结构

第一，永久荷载的荷载分项系数 G。

①当荷载效应对结构抗力不利时：对由可变荷载效应控制的组合采用 1.20；对由永久荷载效应控制的组合采用 1.35。

②当荷载效应对结构抗力有利时：一般情况采用 1.00；验算结构上拔、倾覆、滑移或漂浮时采用 0.90。

第二，钢管结构柱或格构式钢结构压弯构件的整体长细比不宜超过下列数值：

钢管结构柱	150
格构式钢柱	120
全联合构架联系梁	120

（三）基础

第一，除岩石地基外，地基埋深不应小于 0.5m，当季节性冻土区局部地基土具有冻胀特性时，其埋深应大于土的标准冻结深度。当建筑物的内墙基础在施工或使用过程中发生冻胀时，应将内外墙基础埋在同一深度。

第二，软土层或局部软土层以及暗池、暗沟等的构造和结构，应进行地基处理，如地基深化、地基横梁交叉、块石垫层加厚、更换土垫层或桩基础等。

第三，根据基坑的开挖和倾覆稳定性，计算确定框架和支护基础的埋深。

（四）抗震

第一，B 类建筑和结构的抗震作用应满足该地区抗震设防烈度的要求，一般情况下，当设防烈度为 6°～8°时，应满足该地区提高 1°抗震设防烈度的要求，9°时应满足 9°抗震设防的要求；地基抗震措施应符合有关规定。

第二，C 类建筑、结构、地震作用和抗震措施应满足该地区抗震设防强度的要求。对于楼顶突出的屋面隔间和女孩墙，采用基础剪力法计算水平地震效应，乘以 3.0 的增量系数。

第三，独立避雷针可以采用点阵钢结构、钢管混凝土结构和钢筋混凝土环杆结构，当高度大于 25m 时，不宜采用钢筋混凝土环形杆结构。

（五）消防

第一，建筑物与结构之间的防火距离应根据相邻建筑物和结构的外墙的最近距离来计算，如果外墙有突出的燃烧部件，则应从外墙凸出部分的外缘计算。

第二，这两座建筑的外墙是不可燃的，没有外露的燃烧屋檐，防火间距可减少 25%。

第三，当两栋建筑的外墙为防火墙时，两栋建筑门窗之间的距离不受限制，但两栋建筑门窗之间的净距离不小于 5 米。

第四，建筑物外墙距屋外油浸主变压器和可燃介质电容器设备外廊 5m 以内时，该墙在设备总高度加 3m 的水平线以下及设备外廊两侧各 3m 的范围内不应设有门窗和洞口。建筑物外墙距设备外廊 5～10m 时在上述范围内的外墙可设甲级防火门，可在设备总高度以上设防火窗。其耐火极限不应小于 0.9h。

第五，防火门分甲、乙、丙三级，防火极限分别为 1.2h、0.9h 和 0.6h。用于疏散的过道和楼梯间的门应按疏散方向使用 B 类防火门打开。当扇门完全打开时，通道和楼梯的疏散宽度不应受到影响。C 级防火门应用于检查电缆井和管道井壁上的门。

第六，如果总油量超过 100 公斤，室内油浸式电力变压器和站用变压器应安装在单独的防火间隔内，并应有一个甲级防火门向外打开。

第七，当变电所内的建筑物符合下列条件时，不得安装室内消防栓系统：

①耐火等级为一、二级且可燃物较少的丁、戊类建筑物。

②耐火等级为三、四级且建筑体积不超过 3000m³ 的丁类建筑物和建筑体积不超过 5000m³ 的戊类建筑物。

③室内没有生产、生活给水管道，室外消防用水取自蓄水池且建筑体积不超过 5000m³ 的建筑物。

第八，当配电安装室、电容室和车站变压器室的长度大于 7m，小于或等于 60m 时，安全出口不应小于两个；当长度大于 60m 时，应增加一个出口。从维修操作走廊或防火走廊的最远点到出口的距离不得超过 30 米。

第九，有火灾危险的建筑物，如配电安装室、电容室、电池室、电缆夹层室和其他电气设备，应当采用向外开放的钢门。当门是公共通道或其他房间时，应采用向外开启的丙级防火门。相邻的有火灾危险的房间之间的门应能双向打开，门不得设置。

第十，不少于两个入口。楼层的第二个出口可位于通往室外楼梯的平台上，出口处的门应向外打开。

第十一，消防结构一般包括：消防泵房、消防水池、雨淋室、消防室和消防沙箱、气门井、泵接头井等。

第十二，堵油设施的体积应设计为油量的 20％，事故油应排放到安全场所，不存在污染危害。当事故油不能排放到安全地点时，应建立一个能储存所有油量的储油设施。

第十三，事故排水管内径的选择应能迅速排出油，且不应小于 100mm。

第十四，电缆从室外到室内入口、电缆轴入口、电缆接头，通过地面和 100 米以上的电缆沟槽或电缆隧道，应采取措施防止电缆的蔓延，阻燃剂和隔离措施，如使用阻燃剂和其他不可燃材料的紧堵。阻燃剂的耐火极限应与墙、地板等构件的耐火极限相同。

第十五，有火警危险的建筑物，例如配电装置室、电容室、电池室、电缆夹层室及其他电气设备，均须采用向外开启的钢门。当门是公共通道或其他房间时，丙级防火门应向外打开。相邻的有火灾危险的房间之间的门应能双向打开，门不得设置。

（六）暖通

配电安装室、电容室、站变室，可采用自然进气、自然排气或机械排气、风通风。当装有 SF6 电气设备的配电安装室须设置通风装置以清除 SF6 中的有害气体时，其房间内的地下电缆隧道或电缆槽（包括与其相连的电缆隧道）亦须设置机械通风系统。

第三节　送电线路设计技术规范

输电线路作为电网系统的重要组成部分，在电网安全中起着重要的作用。输电线路事故将导致大面积停电，对电网的稳定和安全使用将产生重大影响。本节从设计的角度为保证架空输电线路的质量和系统安全提供了依据。

一、路径选择

第一，路径选择要避免洼地、冲刷带、地质条件差的地区、原始森林和采矿影响区，在不能避免让步的情况下，应采取必要措施，避免重冰区、指挥舞蹈区等影响安全运行的地区。

第二，3kV 及以上架空输电线不得穿越储存易燃易爆材料的仓库区域。架空输电线与火灾危险生产厂、储藏室、易燃易爆材料场和易燃易爆液体（气）储罐之间的防火间距应符合现行国家标准"建筑防火设计规范"的规定。

第三，甲类厂房、库房，易燃材料堆垛，甲、乙类液体储罐，液化石油气储罐，可燃、助燃气体储罐与架空电力线路的最近水平距离不应小于电杆（塔）高度的 1.5 倍；丙类液体储罐与电力架空线的最近水平距离不应小于电杆（塔）高度的 1.2 倍；35kV 以上的架空电力线路与储量超过 200m³ 的液化石油气单灌的最近水平距离不应小于 40m。

第四，受拉部分的长度应符合以下规定：

①10kV 及以下架空线路的抗拉力段长度不应超过 2km。

②35kV 和 66kV 架空线路的抗张力段长度不应超过 5km。

③轻、中、重冰区 110kV 及以上架空输电线抗拉力段长度分别不应超过 10km、5km 和 3km，单线不应大于 5km。

④当拉伸截面较长时，应采取措施防止串联反转。在作业条件差的地区，如山区或重冰区，高度差或齿轮距相差很大的地区，应适当缩短抗拉强度段的长度。当输电线路与主铁路和高速公路交叉时，应采用独立的抗拉截面。

二、设计气象条件

第一，架空线路设计的温度应根据当地 15～30 年的气象记录确定。最高温度为 +40℃。在最高温度、最低气温和年平均气温条件下，应在无风无冰的情况下进行计算。基本风速和设计冰层厚度的重现期应符合下列规定：

①500～750kV 输电线路及其大跨度重复运行周期为 50 年。

②110～330kV 输电线路的回复期及大跨度应为 30 年。

第二，在设计架空电力线路时所使用的年平均温度应按下列方法确定：

①当该地区年平均气温在 3℃～17℃之间时，应将年平均气温作为该数值的 5 倍。

②当该地区年平均气温小于 3℃或大于 17℃时，应将年平均气温降低 3℃～5℃，并取此数值的 5 倍。

第三，在调查的基础上，对架空电力线设计中使用的导线或地线的冰厚应分别为 5mm、10mm、15mm 或 20mm。测冰密度为 0.9g/cm³，结冰温度为 −5℃，结冰风速为 10m/s。

第四，安装条件下风速为 10m/s，无冰，温度可按以下规定采取：

①最低气温为 −40℃的地区，应采用 −15℃。

②最低气温为 −20℃的地区，应采用 −10℃。

③最低气温为 −10℃的地区，应采用 −5℃。

④最低气温为 −5℃及以上的地区，应采用 0℃。

第五，雷电过电压工况的气温可采用 15℃，风速对于最大设计风速 35m/s 及以上可采用 15m/s；风速对于最大设计风速小于 35m/s 的地区可采用 10m/s。

第六，在测试导线与地线之间的距离时，风速应为 0m/s，无冰。

第七，年平均温度可用于内过电压条件下，风速可达最大设计风速的 50%，但不应小于 15m/s，无冰。

第八，在风速最大的情况下，在不加冰的情况下计算温度，可按下列规定采用：

①最低温度在−10℃及以下时，应采用−5℃。

②最低气温为−5℃及以上的地区应采用+10℃。

第九，带电作业工况的风速可采用 10m/s，气温可采用 15℃，且无冰。

第十，长期负荷条件下风速为 5m/s，气温为 5m/s，采用年平均气温，无冰。

第十一，最大设计风速应在露地和平地上 10m 处，30 年平均最大风速为 10min，在没有可靠数据的情况下，最大设计风速不应低于 23.5m/s。

第十二，山区架空电力线的最大设计风速应根据当地气象资料确定，在没有可靠资料的情况下，最大设计风速可根据附近平地风速提高 10%，不应低于 25m/s。

第十三，当架空电力线位于河岸、湖岸、峰谷口等易发生强风的地区时，应适当提高最大基本风速；对于易被冰、风口和高差覆盖的地区，应缩短抗拉力段的长度，并适当保留塔体的使用条件。

第十四，架空电力线通过市区或森林等地方，如两侧盾构的平均高度大于塔高的 2/3，设计最大风速应比局部最大设计风速降低 20%。

第十五，110～330kV 输电线路的基本风速不应低于 23.5m/s；500～750kV 输电线路。输电线路的基本风速不应低于 23.5m/s；500～750kV 输电线路。如有必要，也可根据罕见的结冰情况进行检查和计算。

三、导线、地线、绝缘子和金具

第一，在检查导体的允许电流时，应根据下列规定对导体的允许温度进行估值：

①钢芯铝绞线和钢芯铝合金绞线应在 70℃，必要时为 80℃，大跨度为 90℃。

②钢芯镀铝钢绞线和镀铝钢绞线可在 80℃处采用，大跨度可在 100℃确定，也可通过试验确定。

③镀锌钢绞线可在 125℃时使用。

注：环境温度应为月平均最高气温，风速为 0.5m/s（大跨度 0.6m/s），太阳辐射功率密度为 0.1W/cm^2。

第二，跌落最低点导轨和地线的设计安全系数不应小于 2.5，悬挂点的设计安全系数不应小于 2.25。地线的设计安全系数不应小于导线的设计安全系数。

$$T_{\max} \leqslant \frac{T_P}{K_C}$$

式中：

$T_{\max}$——导、地线在弧垂最低点的最大张力（N）；

T_P——导、地线的拉断力（N）；

K_C——导、地线的设计安全系数。

第三，导、地线在稀有风速或稀有覆冰气象条件时，弧垂最低点的最大张力不应超过其导、地线拉断力的 70%。悬挂点的最大张力，不应超过导、地线拉断力的 77%。

第四，地线（包括光纤复合架空地线）应满足机电条件的要求，可选用镀锌钢绞线或复合钢丝。在检查和计算短路热稳定性时，地线的许用温度应按下列规定计算：

①钢芯铝绞线和钢芯铝合金绞线可在 200℃时使用。

②钢芯镀铝钢绞线和镀铝钢绞线可在 300℃时使用。

③镀锌钢绞线可在 400℃时使用。

④光纤复合架空地线的许用温度应通过产品试验来保证。

第五，光纤复合架空地线的结构选择应考虑雷电电阻，并根据系统情况确定短路电流值和相应的计算时间。

第六，钢丝或地线的平均工作张力上限及防震措施应符合表 6-8 的要求。

表 6-8　导线或地线平均运行张力上限及防震措施

档距和环境状况	平均运行张力上限（瞬时破坏张力的百分数）（%）		防震措施
	钢芯铝绞线	镀锌钢绞线	
开阔地区档距＜500m	16	12	不需要
非开阔地区档距＜500m	18	18	不需要
档距＜120m	18	18	不需要
不论档距大小	22	—	护线条
不论档距大小	25	25	防震锤（线）或另加护线条

第七，对于第七条以外的指南和地线，允许平均工作张力的上限和相应的防震措施，应当根据当地运行经验确定，也可以使用制造厂提供的技术信息，必要时也可以通过试验确定。大跨度导轨和地线的防震措施应采用冲击锤、阻尼线或阻尼线加冲击锤方案，而分裂导线应采用阻尼间隔杆，具体设计方案应参考运行经验或通过试验确定。

第八，当线路穿过指挥容易跳舞的区域时，应采取或保留防止跳舞的措施。

第九，导轨和地线架设后的塑性延伸应根据制造商提供的数据或通过试验确定，而塑性延伸对凹陷的影响应通过降温方法加以补偿。在没有数据的情况下，镀锌钢绞线的塑性伸长可补偿 1×10^{-4}，温度可降低 10℃。根据表 6-9 的规定，可以确定钢芯铝绞线的塑性延伸率和降温值。

第十，绝缘子和金具的机械强度应按下式验算：

$$KF < F_u$$

式中：

K——机械强度安全系数；

F——计荷载（kN）；

F_u——悬式绝缘子的机械破坏荷载或针式绝缘子、瓷横担绝缘子的受弯破坏荷载或蝶式绝缘子、金具的破坏荷载（kN）。

表6－9　钢芯铝绞线的塑性伸长及降温值

钢铝截面比	塑性伸长	降温值（℃）
4. 29～4. 38	3×10^{-4}	15
5. 05～6. 16	$3\times10^{-4}\sim4\times10^{-4}$	15～20
7. 71～7. 91	$4\times10^{-4}\sim5\times10^{-4}$	20～25
11. 34～14. 46	$5\times10^{-4}\sim6\times10^{-4}$	25（或根据实验数据确定）

注：对铝包钢绞线、大铝钢截面比的钢芯铝绞线或钢芯铝合金绞线应由制造厂家提供塑性伸长值或降温值。

第十一，绝缘子和金具的安装设计可采用安全系数设计法，绝缘子及金具的机械强度安全系数应符合表6－10的规定。

表6－10　绝缘子及金具的机械强度安全系数

类型	安全系数		
	运行工况	断线工况	断线工况
悬式绝缘子	2.7	1.8	1.8
针式绝缘子	2.5	1.5	1.5
蝶式绝缘子	2.5	1.5	1.5
瓷横担绝缘子	3.0	2.0	—
合成绝缘子	3.0	1.8	1.5
金具	2.5	1.5	1.5

第十二，配件强度的安全系数应符合下列规定：

①最大使用荷载情况不应小于2.5。

②断线、段联、验算情况下不小于1.5。

第十三，与横杆连接的第一夹具应转动灵活，受力合理，强度应高于其他管件的强度。

第十四，输电线路悬垂V形弦两端之间的夹角可小于最大风偏角5°～10°或由试验确定。

第十五，线路通过舞动区后，应适当提高管件和绝缘子的机械强度，并在易结冰的地区增加绝缘子串的长度或采用V字串和八字串。

四、绝缘配合、防雷和接地

第一，输电线路的绝缘配合应满足工频电压、操作过电压、雷电过电压等各种条件下输电线路安全可靠运行的要求。

第二，在海拔1000米以下，操作所需过电压和雷电过电压的绝缘子的最小数量应符合表的规定。在表6－11的基础上增加张力绝缘子串中的绝缘子数量，35～330kV线路增加1条，500kV线路增加2条，750kV线路不需增加。

表 6-11 操作过电压及雷电过电压要求悬垂绝缘子串的最少绝缘子片数

标称电压（kV）	35	66	110	220	330	500	750
单片绝缘子高度（mm）	146	146	146	146	146	146	170
绝缘子片数（片）	3	5	7	13	17	25	32

第三，对于总高度超过 40m 的塔，每增加 10 米，与表 6-11 所示的塔相比，应增加 1 个高度 146 毫米的绝缘子和一个总高度大于 100 米的塔，并根据操作经验确定边缘件的数目。当由于高塔而增加绝缘子数量时，应相应地增加雷电过电压的最小间隙。当 750kV 铁塔全高大于 40m 时，可根据实际情况进行校核计算，确定是否需要增加绝缘子的数量和间隙。

第四，绝缘配置应根据批准的污染区域分布图，结合污染等级和线附近的发展情况，综合考虑环境污染变化因素，选择合适的绝缘子类型和数量，以及适当的裕度。

第五，在海拔 1000 米以下的地区，架空电力线的带电部分与塔部件、拉线和脚钉之间的最小间隙应符合表 6-12 和 6-13 的规定。

表 6-12 35～500kV 带电部分与杆塔构件（包括拉线、脚钉等）的最小间隙（m）

标称电压（kV）	35	66	110	220	330	500	
工频电压	0.10	0.20	0.25	0.55	0.90	1.20	1.30
操作过电压	0.25	0.50	0.70	1.45	1.95	2.50	2.70
雷电过电压	0.45	0.65	1.00	1.90	2.30	3.30	3.30

表 6-13 750kV 带电部分与杆塔构件（包括拉线、脚钉等）的最小间隙（m）

标称电压（kV）		750	
海拔高度（m）		500	1000
工频电压	I 串	1.80	1.90
操作过电压	边相 I 串	3.80	4.00
	中相 V 串	4.60	4.80
雷电过电压		4.20（或按绝缘子串放点电压的 0.80 配合）	

第六，在低于 1000 米的高度工作时，塔与活部分接地部分之间的校准间隙应符合表 6-14 的规定。

表 6-14 10～750kV 带电部分对杆塔与接地部分的校验间隙（m）

标称电压（kV）	10	35	66	110	220	330	500	750
校验间隙（m）	0.4	0.6	0.7	1.0	1.8	2.2	3.2	4.0/4.3

第七，输电线路防雷设计应以线路电压、负荷性质和系统运行方式为基础，结合当地现有线路的运行经验、区内雷电活动强度、地形地貌特征和土壤阻力等，计算雷电等级后，通过经济技术比较，合理的防雷方式应符合以下规定：

①在多矿区，3～10kV 混凝土棒线可以架设地线，也可以在三角布置的中线安装避雷器，当使用铁丝交叉负载时，必须提高绝缘子等级，绝缘线铁丝交叉负载线不能提高绝缘子等级。

②35kV 线路，进出线路段应设置地线。

③66kV 线路，平均每年雷暴日数在 30 天以上的地区，宜沿全线架设地线。

④线路沿线设置 110kV 输电线路，不应在年平均雷雨日数不超过 15 天或运行经验证明雷电活动轻微的地区安装地线。在无地线输电线路上，变电站或电厂进口段应安装 1～2km 地线。

⑤220～330kV 输电线路应沿全线架设地线，年平均雷暴日数不超过 15 天的地区，或运行经验证明雷电活动轻微的地区，可设置单地线，在山区设置双地线。

⑥500～750kV 输电线路应沿全线架设双地线。

第八，铁塔地线对侧导线的保护角应满足下列要求：

①对于单回路，330kV 及以下线路的保护角不得大于 15°，500～750kV 线路的保护角不得大于 10°。

②对于同一塔的双回路或多回路，110kV 线路的保护角不得大于 10°，220kV 及以上线路的保护角不得大于 0°。

③单地线不应超过 25°。

④适当增加覆冰线的保护角。

第九，从齿轮中心到地线之间的距离应满足以下要求：

$$S \geqslant 0.012L + 1$$

式中：

S——导线与地线在档距中央的距离（m）；

L——档距（m）。

第十，无地线钢筋混凝土杆塔小区中性点间接接地系统应接地，接地电阻不得超过 30Ω。

第十一，钢筋混凝土杆的铁横担、地线支架、爬梯等铁附件与接地引下线应有可靠的电气连接，并应符合下列规定：

①用钢筋作为接地引线的钢筋混凝土杆时，应使钢筋与接地螺母、铁杆或地线支架之间有可靠的电气连接。

②镀锌钢绞线可用于外接地和引线，其截面应根据热稳定性要求选择，不得小于 25mm³。

③接地体引线截面不应小于 50mm，并进行热稳定性校核计算。在导线表面进行热镀锌等有效的防腐处理。

第十二，通过耕地输电线路，接地体应埋在耕作深度以下。居住区和水田的接地体应圈圈放置。

第十三，采用绝缘地线时，应限制地线上的电磁感应电压和电流，并选择可靠的地线间隙，以保证绝缘地线的安全运行。对于长期通电的接地引线和接地装置，必须对绝缘地线的热稳定性进行验证，并制定个人安全防护措施。

五、导线布置和杆塔类型

第一，导线之间的距离应结合操作经验确定，并应符合下列规定。

①对 1000m 以下档距，水平线间距离宜按下式计算：

$$D = k_i L_K + \frac{U}{110} + 0.65\sqrt{f_c}$$

式中：

k_i——悬垂绝缘子串系数，宜符合表 6—15 规定的数值；

D——导线水平线间距离（m）；

L_K——悬垂绝缘子串长度（m）；

U——系统标称电压（kV）；

f_c——导线最大弧垂（m）。

表 6—15 k_i 系数

悬垂绝缘子串类型	I—I串	I—V串	V—V串
k_i	0.4	0.4	0

②导线垂直排列的垂直线间距离，宜采用公式计算结果的 75%。使用悬垂绝缘子串的杆塔的最小垂直线间距离宜符合表 6—16 的规定。

表 6—16 使用悬垂绝缘子串杆塔的最小垂直线间距离

标称电压（kV）	35	66	110	220	330	500	750
垂直线间距（m）	2.0	2.25	3.5	5.5	7.5	10.0	12.5

第二，如无运行经验，覆冰地区上下层相邻导线间或地线与相邻导线间的最小水平偏移，宜符合表 6—17 的规定。

表 6—17 上下层相邻导线间或地线与相邻导线间的最小水平偏移（m）

标称电压（kV）	35	66	110	220	330	500	750
设计覆冰 10mm	0.2	0.35	0.5	1.0	1.5	1.75	2.0

注：无冰区可不考虑水平偏移。设计冰厚 5mm 地区，上下层相邻导线间或地线与相邻导线间的水平偏移，可根据运行经验参照表 6—17 适当减少。

第三，66kV 和 10kV 同塔之间的垂直距离不应小于 3.5m；35kV 和 10kV，不同电压水平导体之间的垂直距离不应小于 2m。双环和多环塔与不同电路的不同相导体之间的水平或垂直距离应比第一条规定的高 0.5m。

第四，对于垂直直线塔，当需要有小角度且不增加塔头尺寸时，旋转角的个数不应大于 3°。对于 330kV 及以下线路塔，悬垂角塔不应大于 10°，500kV 及以上线路塔不应大于 20°。

六、杆塔荷载及材料

第一，各类塔楼正常运行时，应计算下列荷载组合：

①基本风速、无冰、不断线（包括最小垂直荷载和最大水平载荷组合）。

②设计覆冰、相应风速及气温、未断线。

③最低温度，无冰，无风，不断线（适用于终端和角塔）。

第二，悬垂塔（不包括大跨度悬垂塔）的折线应根据－5℃、无冰、无风的气象条件计算，并计算下列荷载组合：

①对于单环塔，单线断任何相导线（分裂线具有纵向不平衡张力），地线不断，地线断，导线不断。

②对于双回路塔，在同一齿轮中，单导体击穿任何两相导体（任何两相导体具有纵向不平衡张力）；在同一齿轮中，该导体断裂一根地线，单丝击穿任何一相导体（任何相导体具有纵向不平衡张力）。

③对于多回路塔，在同一齿轮中，单导体断开任何两相导线（分裂线具有纵向不平衡张力）；在同一文件中，断一根地线，单线断任何两相导线（任何两相导线均有纵向不平衡张力）。

第三，根据－5℃、冰和无风的气象条件计算张拉塔的折线，计算下列荷载组合：

①对于单环和双回路塔，在同一齿轮中，单导体断开任何两相导线（分裂线具有纵向不平衡张力），地线不断裂；在同一文件中，任何地线断，单线断任何相导线（分裂线具有纵向不平衡张力）。

②对于多路铁塔，在同一齿轮中，单导体击穿任何两相导线（分裂线具有纵向不平衡张力），地线不断；在同一文件中，任何地线断，单导体断任何两相导体（分裂线任何两相导线具有纵向不平衡张力）。

第四，在冰面积10毫米及以下的断丝张力（分裂钢丝的纵向不平衡张力）的数值，须符合表6－18所指明的导缆及地线最大操作张力的百分率，而100％的设计冰负荷须视为垂直冰负荷。

表6－18　10mm及以下冰区导、地线断线张力（分裂导线纵向不平衡张力）（％）

地形	地线	悬垂塔导线			耐张塔导线	
		单导线	双分裂导线	双分裂以上导线	单导线	双分裂及以上导线
平丘	100	50	25	20	100	70
山地	100	50	30	25	100	70

第五，10mm冰区不均匀结冰导轨和地线不平衡张力值应符合表6－19规定的导轨和地线最大张力百分比。垂直冰荷载按75％设计冰负荷计算，对应的气象条件按－5℃和10m/s风速计算。

表6－19　不均匀覆冰情况的导、地线不平衡张力（％）

悬垂型杆塔		耐张型杆塔	
导线	地线	导线	地线
10	20	30	40

第六，反串联倒置加筋悬垂塔不仅要根据常规悬垂塔的工作条件进行计算，还要根据导轨和地线同侧的断丝张力（分裂线纵向不平衡张力）进行计算。

第七，根据冰厚为－5℃、风速为10m/s、导轨和地线在同一方向上存在不平衡张力，对各种塔架的冰荷载进行校核计算，使塔能承受最大弯矩。

第八，在10m/s风速、无冰和相应温度的气象条件下，各类塔楼的安装应考虑以下荷载组合：

①垂型杆塔的安装荷载应符合下列规定：

A. 起重导轨、地线及其附件的作用载荷。附加负荷，包括起重导轨、地线、绝缘体和配件（一般按2.0倍计算）、安装人员和工具的额外负荷应予以考虑，附加负荷的标准值应符合表6-20的要求。

表6-20　附加荷载标准值（kN）

电压（kV）	导线		地线	
	悬垂型杆塔	耐张型杆塔	悬垂型杆塔	耐张型杆塔
110	1.5	2.0	1.0	1.5
220~330	3.5	4.5	2.0	2.0
500~750	4.0	6.0	2.0	2.0

B. 钢丝绳和地线锚索的作用荷载。锚索与地面的夹角不应大于20°，锚索相位的张力应考虑动力系数1.1。钢丝吊点的竖向荷载是锚索拉力、地线重力和附加荷载的垂直分量与导流之和，分别得到了地线张力与锚索张力纵向分量的差值。

②受拉塔的安装荷载须符合以下条文：

A. 导线及地线荷载：

a. 锚固塔：锚固地线时，相邻文件中的电线和地线没有安装；锚定线时，同一文件中的地线已安装完毕。

b. 紧密铁塔：地线紧固时，相邻文件中的地线是否已安装，而同一文件中的地线尚未安装；当电线紧固时，同一文件中的地线已安装，相邻文件中的导轨和地线已安装或未安装。

B. 临时拉丝所产生的载荷：允许锚固塔和紧丝塔考虑临时拉丝的作用。临时拉丝与地线之间的夹角不得大于45°。临时拉丝方向与引线和地线方向一致，一般可平衡地线和地线张力的30%。对于500kV及以上的铁塔，根据平衡张力30kn的标准值考虑四分裂线的临时拉拔，根据平衡张力40kN的标准值考虑六分裂线以上的临时拉拔，根据平衡地线张力5kN的标准值考虑地线的临时拉拔。

C. 紧密钢丝绳产生的载荷：在计算紧拉钢丝绳的张力时，应考虑紧密钢丝绳与地面的夹角不大于20°，并考虑导轨和地线初始伸长、施工误差和牵引力的影响。

D. 安装时的额外负载：该值应如表6-20所示。

在导线和地线的安装顺序中，必须考虑自上而下的逐段（根）架设。对于双回路和多回路塔，应根据实际需要分阶段考虑安装情况。

与水平平面夹角不大于30°，可供人类使用的塔架构件，应能承受1000N人的重载，不应与其他荷载组合。

第九，位于地震烈度为7度及以上地区的混凝土高塔和位于地震烈度为9度及以上地区的各类杆塔均应进行抗震验算。

第十，所有塔式结构钢均应满足 B 级钢的质量要求。当焊接厚度在 40mm 以上的钢板时，应采取措施防止钢板的板层撕裂。

第十一，结构连接应采用 4.8，5.8，6.8，8.8 热镀锌螺栓，有条件时也可使用 10.9 级螺栓。其材料和力学性能应符合现行国家标准"紧固件力学性能螺栓、螺钉和螺栓"和"紧固件力学性能螺母粗螺纹"的有关规定。

第十二，普通钢筋和环截面预应力钢筋应符合以下规定：普通钢筋采用 HRB 400 级，HRB 335 级钢筋，HPB 235 级和 RRB 400 级钢筋，预应力钢筋采用预应力钢丝，热处理钢筋也应采用。

第十三，普通混凝土棒和环截面预应力混凝土筋的混凝土强度等级不应分别低于 C40 和 C50，其他混凝土预制构件不应低于 C20。混凝土和钢筋的强度标准值和设计值，以及各项物理特性指标，应按照现行国家标准"混凝土结构设计规范"（GB 50010）的有关规定确定。

第十四，拉丝机配件的强度设计值应除以国家标准配件的强度标准值或特殊设计工具的最小试验失效强度值，其部分阻力系数为 1.8。

七、杆塔结构和基础

第一，结构或构件的强度、稳定性和节点强度应根据承载力极限状态、荷载设计值和材料强度设计值的要求计算，结构或构件的变形或裂缝应根据正常使用极限状态的要求、荷载标准值和规定的正常使用限值计算。

第二，在荷载效应的标准组合下，普通和部分预应力混凝土构件法向截面裂缝控制等级为二级，允许裂缝宽度分别为 0.2mm 和 0.1mm。预应力混凝土正截面裂缝控制等级为一级，一般不需要裂缝。

第三，钢结构构件允许最大长细比应符合表 6－21 的规定：

表 6－21　钢结构构件允许最大长细比

项目	钢结构构件允许最大长细比
受压主材	150
受压材	200
辅助材	250
受拉材（预应力的拉杆可不受长细比限制）	400

第四，拉线杆塔主柱允许最大长细比应符合表 6－22 的规定：

表 6－22　拉线杆塔主柱允许最大长细比

项目	钢结构构件允许最大长细比
普通混凝土直线杆	180
预应力混凝土直线杆	200
耐张转角和终端杆	160
单柱拉线铁塔主柱	80
双柱拉线铁塔主柱	110

第五，铁塔零件应采用热镀锌，或采取其他等效防腐措施。对严重腐蚀地区的拉丝棒应采取其他有效的附加防腐措施。

第六，剪切螺栓的螺纹不应进入剪切面。当不可能避免螺纹进入剪切面时，应根据净面积进行抗剪强度校核。

第七，位于横杆、顶架等易振动部位的拉紧螺栓应采取措施防止松动。塔脚上的连接螺栓和地面附近的电缆应采取防御措施。

第八，根据荷载的设计值计算地基的稳定性和地基的承载力，用荷载的标准值计算地基的不均匀沉降和地基的位移。

第九，现浇基础的混凝土强度等级不应低于C20级。

第十，岩石地基应逐一识别。

第十一，地基埋深应大于0.5m。在季节性冻土区，当局部地基土具有冻胀特性时，局部地基土应大于土的标准冻结深度，冻土区应符合"冻土区建筑基础设计规范"的有关要求。

第十二，跨越洪水区的河流或地基，收集水文地质资料，必要时考虑冲刷和浮物的影响，并采取相应的防护措施。

第十三，当场地土为饱和砂土和饱和粉土时，当场地土为饱和砂土和饱和粉土时，应考虑地基液化的可能性，对于地震烈度在7°及以上地区的交叉塔和特别重要的塔基，以及地震烈度在8°或以上地区的220kV及以上的拉杆基础，应考虑到必要的稳定性和抗震措施。当场地土为饱和砂土和饱和粉土时，应考虑地基液化的可能性，并采取必要的稳定性和抗震措施。

第十四，在基础设计（包括地脚螺栓、夹角钢设计）时，应在塔架风荷载调整系数中考虑地基力的计算。当塔总高度大于50m时，风荷载调整系数为1.3；当塔高小于50m时，风荷载调整系数为1.0。

第十五，角塔和终端塔的基础应采取预偏差措施，而基础的上表面在预偏移后应在相同的坡度上。

八、对地距离及交叉跨越

第一，导线到地面、建筑物、树木、铁路、道路、河流、管道、索道和各种架空线路的距离应按40℃的工作温度计算（如果导体按照允许温度设计在80℃，导体的最大下垂应为50℃）或计算覆冰状态的最大下垂，并根据最强风或冰条件下的最大风向偏差进行校核。

第二，在塔体的定位中要考虑塔架和基础的稳定性，便于施工、操作和维护。在下列地点设立塔是不适当的：

①可能发生滑坡或山洪冲刷的地点。

②容易被车辆碰撞的地点。

③可能变为河道的不稳定河流变迁地区。

④不良地质地点。

⑤地下管线的井孔附近和影响安全运行的地点。

第三，电线与地面之间的最小距离，以及电线与山坡、悬崖和岩石之间的最小距离，应符合下列要求：

①在最大计算弧垂情况下，导线对地面的最小距离应符合表6－23规定的数值。

表6－23　导线对地面的最小距离（m）

经过地区	标称电压（kV）							
	3以下	3～10	35～66	110	220	330	500	700
居民区	6.0	6.5	7.0	7.0	7.5	8.5	14	19.5
非居民区	5.0	5.5	6.0	6.0	6.5	7.5	11	15.5
交通困难地区	4.0	4.5	5.0	5.0	5.5	6.5	8.5	11.0

②最大计算风偏情况下，导线与山坡、峭壁、岩石之间的最小净空距离应符合表6－24规定的数值。

表6－24　导线与山坡、峭壁、岩石的最小净空距离（m）

经过地区	标称电压（kV）							
	3以下	3～10	35～66	110	220	330	500	700
步行可以到达的山坡	3.0	4.5	5.0	5.0	5.5	6.5	8.5	11.0
步行不能到达的山坡、峭壁和岩石	1.0	1.5	3.0	3.0	4.0	5.0	6.5	8.5

第四，输电线路不应穿过屋顶上用燃烧材料建造的建筑物。对于有耐火屋顶的建筑物，500kV及以上的输电线路，如需与有关各方协商，不得跨越长期住宅。电线与建筑物之间的距离应符合下列要求：

①在最大计算弧垂情况下，导线与建筑物之间的最小垂直距离，应符合表6－25规定的数值。

表6－25　导线与建筑物之间的最小垂直距离

标称电压（kV）	3以下	3～10	35	66	110	220	330	500	750
垂直距离（m）	3.0	3.0	4.0	5.0	5.0	6.0	7.0	9.0	11.5

②最大计算风偏情况下，边导线与建筑物之间的最小距离，应符合表6－26规定的数值。

表6－26　边导线与建筑物之间的最小距离

标称电压（kV）	3以下	3～10	35	66	110	220	330	500	750
垂直距离（m）	3.0	1.5	3.0	4.0	4.0	5.0	6.0	8.5	11.0

③无风情况下，边导线与建筑物之间的水平距离，应符合表6－27规定的数值。

表6－27　边导线与建筑物之间的水平距离

标称电压（kV）	3以下	3～10	35	66	110	220	330	500	750
垂直距离（m）	0.5	0.75	1.5	2.0	2.0	2.5	3.0	5.0	6.0

第五，500kV 及以上输电线路跨越非长期住宅或相邻房屋时，离地面 1.5m 处的无畸变电场不得超过 4kV/m。

第六，当输电线路通过经济作物和集中林区时，应采取跨通道架设塔的方案，并应遵守下列规定：

①当跨越时，导线与树木（考虑自然生长高度）之间的最小垂直距离，应符合表 6-28 规定的数值。

表 6-28　导线与树木之间（考虑自然生长高度）的最小垂直距离

标称电压（kV）	3 以下	3~10	35~66	110	220	330	500	750
垂直距离（m）	3.0	3.0	4.0	4.0	4.5	5.5	7.0	8.5

②当砍伐通道时，通道净宽度不应小于线路宽度加通道附近主要树种自然生长高度的两倍。通道附近超过主要树种自然生长高度的非主要树种树木应砍伐。

③在最大计算风偏情况下，输电线路通过公园、绿化区或防护林带，导线与树木之间的最小净空距离，应符合表 6-29 规定的数值。

表 6-29　导线与树木之间的最小净空距离

标称电压（kV）	3 以下	3~10	35~66	110	220	330	500	750
垂直距离（m）	3.0	3.0	3.5	3.5	4.0	5.0	7.0	8.5

④电线路通过果树、经济作物林或城市灌木林不应砍伐出通道。导线与果树、经济作物、城市绿化灌木以及街道行道树之间的最小垂直距离，应符合表 6-30 规定的数值。

表 6-30　导线与果树、经济作物、城市绿化灌木及街道树之间的最小垂直距离

标称电压（kV）	3 以下	3~10	35~66	110	220	330	500	750
垂直距离（m）	1.5	1.5	3.0	3.0	3.5	4.5	7.0	8.5

第七，输电线路跨越弱电线路（不包括光缆和埋地电缆）时，输电线路与弱电线路的交叉角应符合表 6-31 的规定。

表 6-31　输电线路与弱电线路的交叉角

弱电线路等级	一级	二级	三级
交叉角（度）	≥45	≥30	不限制

第八，输电线路与 A 类火险生产厂、A 类仓库、易燃易爆材料场和易燃易爆液体（气）储罐之间的防火距离不应小于塔高 3 米以上，并应符合其他有关规定。

第九，在通道非常挤迫的特殊情况下，我们可以征询有关部门的意见，以适当改善保护措施。

第十，当输电线路跨越 220kV 及以上线路、铁路、公路、一级和二级通航河流及专用管道时，悬挂式绝缘子串应为双系列（500kV 及以上线路应使用双吊点）或两个单一系列。

九、其他

第一，输电线路工程要符合国家规定的防火、防爆、防尘、防病毒、劳动安全和卫生

的要求。

第二，应采取安全防护措施，防止高空作业人员坠落。在电缆架空作业中，应制定安全措施，确保安全生产。

第三，在输电线路建设中，要对相邻线路产生的电磁感应电压实施良好的劳动安全措施。

第四，输电线路建成运行后，其他线路和通信线路的并联、相交电压水平均存在感应电压，相邻线路在运行和维护时应采取安全措施。

第五，对于总高度小于80m的塔体，可以选择脚钉作为起重设施，而对于80m以上的塔顶，宜选用直爬梯或设置简单的休息平台。

第四节　配电线路设计技术规范

配电网是电力系统中最贴近居民生活的线路，其稳定性和安全性直接影响到电网在人民群众中的形象。配电线路的安全不仅是居民生命安全的保障，而且关系到国家的民生。本节为配电线路的安全设计提供了依据。

一、架空配电线路部分

第一，线路路径应与城镇总体规划相结合，与各种管道和市政设施相协调，线路塔的位置应与城镇的美化和安全相适应。

第二，配电线路路径和极位的选择应避免低洼地、易冲刷区等影响线路安全运行的区域。

第三，配电线应避免储存易燃易爆材料的仓库区域，配电线路与有火灾危险的生产厂和仓库之间的防火距离、易燃易爆材料场和易燃或易燃液体（气体）储罐之间的防火距离不应小于塔高的1.5倍。

第四，在下列情况下，城镇配电线路采用架空绝缘导线：

①线路走廊狭窄的地段。

②高层建筑邻近地段。

③繁华街道或人口密集地区。

④游览区和绿化区。

⑤空气严重污秽地段。

⑥建筑施工现场。

第五，导线的连接应当遵守下列规定：

①严格禁止不同金属、不同规格及不同股的导体在齿轮距离内接驳。

②在一个齿轮距离内，每根线不应超过一个连接器。

③从内接头到导体固定点的距离不应小于0.5m。

④在齿轮距范围内，应采用夹紧法将钢芯铝绞线与铝绞线连接起来。

⑤齿轮距离内的铜绞线连接应插入或夹紧。

⑥铜线与铝绞线之间的跳线连接应采用铜铝过渡线夹和铜铝过渡线。

⑦铜线与铝绞线的跳线连接应采用线夹和夹紧连接。

第六，配电线的铝绞线，钢芯铝绞线，与绝缘子或配件接触时，应用铝带缠绕。导线连接点的电阻不应大于等长导线的电阻。齿轮距离内连接点的机械强度不应小于计算出的钢丝拉力的95%。

第七，配电线路绝缘子的性能应当符合现行国家标准各类棒类绝缘子的使用情况，并符合下列规定：

①1～10kV 配电线路：直杆采用针形绝缘子或瓷横杆。拉杆应由两个悬浮绝缘子或一个悬浮绝缘子和一个蝶形绝缘子组成。结合区域运行经验，采用有机复合绝缘子。

②1kV 以下配电线路：直杆应采用低压针形绝缘子。拉杆应由悬浮绝缘子或蝶形绝缘子制成。

第八，1～10kV 配电线路导线应采用三角形布置、水平布置和垂直布置。1kV 以下配电线路的导线应水平布置。城镇 1～10kV 配电线路和 1kV 以下配电线路应设置在同一极上，供电应相同，且应有明显的标志。

第九，统一同一地区 1kV 以下配电线路电线杆上的导线布置。零线应靠近杆子或靠近建筑物的侧面。同一回路的零线不应高于相位线。灯管在电杆上低于 1kV 的位置不应高于其他相线和零线。

第十，配电线路的档距，宜采用表 6−32 所列数值。耐张段的长度不应大于 1km。

表 6−32　配电线路档距（m）

地段＼电压	1～10kV	1kV 以下
城镇	40～50	40～50
空旷	60～100	40～60

注：1kV 以下线路当采用集束型绝缘导线时，档距不宜大于 30m。

第十一，配电线路导线的线间距离，应结合地区运行经验确定。如无可靠资料，导线的线间距离不应小于表 6−33 所列数值。

表 6−33　配电线路导线最小线间距离（m）

线路电压＼档距	40 及以下	50	60	70	80	90	100
1～10kV	0.6（0.4）	0.65（0.5）	0.7	0.75	0.85	0.9	1.0
1kV 以下	0.3（0.3）	0.4（0.4）	0.45	—	—	—	—

注：（　）内为绝缘导线数值。1kV 以下配电线路靠近电杆两侧导线间水平距离不应小于 0.5m。

第十二，同电压等级同杆架设的双回线路或 1～10kV，1kV 以下同杆架设的线路、横担间的垂直距离不应小于表 6−34 所列数值。

表6－34　同杆架设线路横担之间的最小垂直距离（m）

电压类型 \ 杆型	直线杆	分支杆和转角杆
10kV 与 10kV	0.80	0.45/0.6（注）
10kV 与 1kV 以下	1.20	1.00
1kV 以下与 1kV 以下	0.6	0.30

注：转角或分支线如为单回线，则分支线横担距主干线路横担为 0.6m；如为双回线，则分支线横担距上排主干线横担为 0.45m，距下排主干线横担为 0.6m。

第十三，同电压等级同杆架设的双回绝缘线路或 1～10kV，1kV 以下同杆架设的绝缘线路、横担间的垂直距离不应小于表6－35 所列数值。

表6－35　同杆架设绝缘线路横担之间的最小垂直距离（m）

电压类型 \ 杆型	直线杆	分支杆和转角杆
10kV 与 10kV	0.5	0.5
10kV 与 1kV 以下	1.0	—
1kV 以下与 1kV 以下	0.3	0.3

第十四，当 1～10kV 配电线路和 35kV 线路安装在同一电杆上时，两线导线之间的垂直距离不应小于 2.0m。当 1～10kV 配电线路与 66kV 线路安装在同一极上时，两线导线之间的垂直距离不应小于 3.5m，当 1～10kV 配电线路采用绝缘导线时，垂直距离不应小于 3.0m。

第十五，配电线路各阶段的导线、导线和相邻线路、导线或导线之间的间隙距离不得小于下列数值：

①1～10kV 为 0.3m。

②1kV 以下为 0.15m。

③1～10kV 引下线与 1kV 以下的配电线路导线间距离不应小于 0.2m。

第十六，配电线路的导线与拉线、电杆或构架间的净空距离，不应小于下列数值：

①1～10kV 为 0.2m。

②1kV 以下为 0.1m。

第十七，采用荷载设计值计算塔架结构及其连接的承载力（强度和稳定性），在计算变形、抗裂、裂缝、基础和地基稳定性时应采用荷载标准值。塔架结构承载力设计中使用的极限状态设计表达式和用于计算塔架结构变形、裂缝和抗裂能力的正常使用极限状态设计表达式应按照 GB50061 的规定设计。型钢、混凝土和钢筋的强度设计值和标准值应按照 GB50061 的规定进行设计。

第十八，配电线路的横向荷载应根据受力情况进行计算，并规范选择。钢的交叉荷载不应小于：63mm×63mm×6mm。钢应该用其支架和附件进行热镀锌。

第十九，引线应按杆件的受力安装。当地形限制可适当减小，且不应小于 30°横向拉线时，距道路边缘的垂直距离不应小于 6m。牵引柱的斜角应从 10°到 20°水平画过有轨电车线，与路面的垂直距离不应小于 9m。拉丝应由镀锌钢绞线制成，其截面应根据力确定，且不得小于 25 毫米。当配电线路连续直杆超过 10°时，应安装防风电缆。

第二十，应根据计算确定线材直径，不应小于 16mm，线材应热镀锌，应适当增加腐蚀区线材直径 2～4mm 或采取其他有效的防腐措施。

第二十一，应计算和确定电线杆的埋深，单环配电线路极点的埋深应根据表 6-36 中列出的数值计算。

表 6-36　单回路电杆埋设深度（m）

杆高	8.0	9.0	10.0	12.0	13.0	15.0
埋深	1.5	1.6	1.7	1.9	2.0	2.3

第二十二，应选用结构完整、质地坚硬的岩石底盘、卡盘和拉丝盘（如花岗岩等），并进行测试和识别。

第二十三，变压器引线、母线应采用多根铜芯绝缘导线，其截面应根据变压器额定电流选择，不应小于 16 mm²。变压器的一次和二次侧应配备适当的电气设备，一次侧熔断器安装到地面的垂直距离不得小于 4.5 米，二次侧保险丝或断路器安装到地面的垂直距离不得小于 3.5 米。各相熔断器的水平距离在主侧不应小于 0.5m，在二次侧不应小于 0.3m。

第二十四，二次侧熔断器或隔离器、低压断路器应按国家标准优先使用维护较少的定型产品，并应与负载电流、导线最大允许电流、工作电压等相匹配。

第二十五，配电变压器熔断器的选择应根据下列要求进行：

①如果容量小于 100kVA，则应根据变压器额定电流的 2 倍选择高压侧熔断器。

②容量在 100kVA 以上时，应根据变压器额定电流的 1.5 倍选择高压侧熔断器。

③根据变压器的额定电流，选择变压器低压侧熔断器（片）或断路器长度延迟的设定值。

④在繁华地区和稠密地区设置单相接地保护。

第二十六，在无防雷线路的 1～10kV 配电线路中，小区钢筋混凝土杆应接地，金属管杆应接地，接地电阻不得超过 30。1kV 以下配电线路和 10kV 及以下公用电源线在中性点直接接地时，钢筋混凝土电杆的铁杆或金属棒应与零线连接，钢筋混凝土杆的钢筋应与零线连接。当中性点低于 1kV 的配电线路不直接接地时，钢筋混凝土电杆应接地，金属棒应接地，接地电阻不得超过 50。在沥青路面上或在有操作经验的地区，钢筋混凝土杆和金属杆在没有额外人工接地装置的情况下不得与零线连接，钢筋、横向荷载和钢筋混凝土杆的金属棒不得与零线连接。

第二十七，立柱断路器应配备防雷装置，防雷装置应安装在柱上断路器或隔离开关的两侧，这些开关通常是开式和通电的。接地线与柱式断路器等金属外壳应连接接地，接地电阻不得大于 10。配电变压器防雷装置应根据地区运行经验确定。避雷装置的位置应尽可能靠近变压器，地线应连接到变压器二次侧的中性点和金属外壳。为了防止雷电波或低压侧雷电波穿透配电变压器高压侧的绝缘，应在低压侧安装避雷器或击穿保险丝。如果低压侧的中性点不接地，则应在低压侧的中性点安装故障保险丝。

第二十八，为了防止雷电波沿 1kV 以下的配电线路侵入建筑物，接收线路上的绝缘子铁脚应接地，接地电阻不得超过 30。年平均雷暴日数不超过 30 天，配电线路 1kV 以下由建筑物屏蔽，连接线路与 1kV 以下干线之间的距离不超过 50 米的地区，绝缘子铁脚不得接地。1kV 以下配电线路钢筋混凝土电杆的自然接地电阻不超过 30，不得加装接地装置。

第二十九，1～10kV 绝缘线路的配电线路应在干线、支线和干线截线处设置地线悬挂环和故障显示装置。

第三十，分配线通过耕地时，接地体应埋在耕作深度以下，不得小于 0.6 米。

第三十一，电线与地面或水面之间的距离不得小于表 6－37 所示的数值。

表 6－37　导线与地面或水面的最小距离（m）

线路经过地区	线路电压	
	1～10kV	1kV 以下
居民区	6.5	6
非居民区	5.5	5
不能通航也不能浮运的河、湖（至冬季冰面）	5.0	5
不能通航也不能浮运的河、湖（至 50 年一遇洪水位）	3.0	3
交通困难地区	4.5（3.0）	4（3）

注：括号内为绝缘数值。

第三十二，导线与山坡、峭壁、岩石地段之间的净空距离，在最大计算风偏情况下，不应小于表 6－38 所列数值。

表 6－38　导线与山坡、峭壁、岩石之间的最小距离（m）

线路经过地区	线路电压	
	1～10kV	1kV 以下
步行可以到达的山坡	4.5	3.0
步行不能到达的山坡、峭壁和岩石	1.5	1.0

第三十三，1～10kV 配电线路不应穿过屋顶上易燃材料的建筑物，对于有耐火屋顶的建筑物，应尽量避免交叉。如果是这样的话，导体与建筑物之间的垂直距离在最大计算凹陷情况下不应小于 3 米，绝缘导线不应小于 2.5 米。导体与建筑物之间的垂直距离不应小于 2.5m，当导体与建筑物之间的垂直距离在最大下垂时不应小于 2m。在最大风向偏差情况下，直线边缘线与永久建筑物之间的距离不应小于下列数值：

①1～10kV：裸导线 1.5m，绝缘导线 0.75m。（相邻建筑物无门窗或实墙）

②1kV 以下：裸导线 1m，绝缘导线 0.2m。（相邻建筑物无门窗或实墙）

③在无风情况下，导线与不在规划范围内城市建筑物之间的水平距离，不应小于上述数值的一半。

注 1：电线与城市多层建筑或规划建筑线之间的距离是指水平距离。

注 2：电线与不属于规划范围内的城市建筑之间的距离是指清除距离。

第三十四，1～10kV配电线路应穿过林区，航道净宽度为导线侧线向外水平延伸5m，绝缘线为3m，使用绝缘线时，应不小于1m。

第三十五，1～10kV线路之间的距离不应小于0.4m，线路之间的距离不应小于表6－39所列的值。在1kV以下零线与相线交界处，应保持一定距离或采取措施加强绝缘。

表6－39 1kV以下接户线的最小线间距离（m）

架设方式	档距	线间距
自电杆上引下	25及以下	0.15
	25以上	0.20
沿墙敷设水平排列或垂直排列	6及以下	0.10
	6以上	0.15

第三十六，较低的1kV接线与弱电线路的交叉距离不得小于下列值：

①在弱电流线的顶部为0.6米。

②弱线底部为0.3m。

③如上述规定不能达到，则须采取隔离措施。

二、电缆线路部分

第一，直接敷设电缆或电缆的地下设施不应平行放置在其他管道之上或直接低于其他管道。电力电缆与其他管道和构筑物之间的最小允许间距应符合表6－40的规定，如果当地位置不符合规定，则应采取必要的保护措施。

表6－40 电力电缆相互之间以及电力电缆与管道、构筑物等允许的最小间距（m）

直埋电缆周围状况	允许最小间距	
	平行	交叉
电力电缆相间中心距	0.20	0.50（注）
与不用部门使用的电力电缆之间净距	0.50（注）	0.50（注）
与热力管及热力设备之间净距	2.00	0.50（注）
与煤气、输油管道及地下储油罐、储气罐之间净距	1.00	0.50（注）
与自来水以及其他管道之间净距	0.50	0.50（注）
与铁路路基之间净距	3.00	1.00
与建筑物基础之间净距	0.60	—
与配电线杆、路灯杆、电车拉线杆、架空通信杆之间中心距	1.00	—
与树木主干中心距	0.70	—
与排水沟之间净距	1.00	0.50
与公路边之间净距	1.50	1.00（注）
与弱电通信或信号电缆之间净距	按计算决定	0.25

注：用隔板分隔或电缆穿管时净距可减小至一半。

第二，优先铺设城市交通桥梁或跨河交通隧道。城市交通桥梁或者交通隧道铺设电缆，应当经桥梁或者隧道设计管理部门批准，不得影响桥梁结构或者隧道结构。

第三，以任何方式敷设的电缆的弯曲半径，不论是垂直、水平转向、电缆热膨胀及蛇形弧形，均不应小于表6－41所指明的弯曲半径。

表6-41　电缆敷设允许最小弯曲半径

电缆类型			允许最小弯曲半径	
			单芯	三芯
交联聚乙烯绝缘电缆			12D	10D
油浸纸绝缘电缆	铝包		30D	
	铝包	有铠装	20D	15D
		无铠装	20D	

注：

①D表示电缆外径。

②非本表范围内的电缆最小弯曲半径宜按厂家建议值。

第四，电缆托架各层间的垂直距离应满足电缆可以方便地铺设和固定的要求。当在同一层铺设多根电缆时，可以更换或添加任何电缆，电缆支撑之间的最小净距离不应小于表6-42中规定的距离。

表6-42　电缆支架的层间允许最小净距（mm）

电缆类型及敷设特征		支架层间最小净距
控制电缆		120
电力电缆	电力电缆每层多于一根	2d+50
	电力电缆每层一根	d+50
	电力电缆三根品字形布置	2d+50
	电缆敷设于槽盒内	h+80

注：h表示槽盒外壳高度，d表示电缆最大外径。

第五，电缆沟或隧道内通道净宽，不宜小于表6-43规定。

表6-43　电缆沟隧道内通道净宽允许最小值（mm）

电缆支架配置及通道特征	电缆沟深			电缆隧道
	≤600	600～1000	≥1000	
两侧支架	300	500	700	1000
单列支架与壁间通道	300	450	600	900

第六，电缆的埋深应满足下列要求：

①电缆表面距地面不小于0.7m，穿越农田时不应小于1m。在引入建筑物、与地下建筑物交叉、绕行建筑物时，可以采用浅埋，但应采取防护措施。

②电缆应埋在冻土层下，并应采取措施防止在限制条件时电缆损坏。

第七，在电缆可能因机械损坏、化学腐蚀、杂散电流腐蚀、白蚁、昆虫和老鼠损坏的地区，应在可能受到机械损坏、化学腐蚀、杂散电流腐蚀、白蚁、昆虫和老鼠等损坏的地区采取相应的外部护套或适当的保护措施。

第八，电缆总布置的规定：

①变电站内第二通道及以上的入路电缆，须分别布置在不同的通道内，或分别以防火装置分隔。

②变电站出线电缆应分路，出线通道数应与主变站数相对应。

③电缆夹层中的电缆应一个接一个地伸直并固定在电缆托架上，所有电缆应按离线仓库的顺序排列，电缆之间应保持一定距离，不得重叠，应尽量少交叉，如果需要交叉，应在交叉口用防火隔板隔断。

④电缆通道和电缆夹层中的电力电缆应标明线路名称。

第九，为了有效防止电缆因短路或外界火源而沿电缆引燃或延长，应对电缆及其结构采取防火和隔阻措施。当电缆穿过地板，墙壁或橱柜的孔，以及在管道两端，防火材料是用来密封他们。防火密封材料应密实无孔，密封材料厚度不得小于100mm。

第十，电缆井通过地面、井、隧道或索沟（桥）界面处，用防火包等材料堵住电缆隧道、电缆槽和竖井。防火屏障包括防火门、防火墙、防火隔板和封闭防火油箱，消防门和防火墙用于上述通道的电缆隧道、索沟、索桥、支路和出入口。耐火隔板用于将电缆轴与电缆层中的电缆分离。防火墙与耐火隔板之间的距离应符合表6－44的要求。封闭耐火材料箱的接头和两端应用阻燃胶带或阻火材料密封。

表6－44　阻火分隔的间距（m）

类别	地点		间隔
防火墙	电缆隧道	电厂、变电站内	100
		电厂、变电站外	200
	电缆沟、电缆桥架	电厂、变电站内	100
		厂区内	100
		厂区外	200
防火隔板	竖井	上、下层间距	7

第十一，在电缆进出线集中的隧道、电缆夹层和竖井中，如不全部使用阻燃电缆，则可安装监控报警装置和固定的自动灭火装置，将火灾事故控制在最小范围内，最大限度地减少事故损失。

①电缆隧道应在每个防火隔离区设置过高的温度和火灾监测器，当隧道出现异常情况时，应及时将信息发送到值班室。高温监测仪发出的信号应自动启动进排气风扇，火灾监测仪发出的信号应自动关闭进排气风扇和进排气孔。

②固定灭火装置，例如湿式自动喷头、水雾灭火或气体灭火等，可装设在电缆进出线特别集中的隧道、电缆夹层及竖井内。

第七章　电力安全事故与安全教育

第一节　电力生产安全事故概述

电力生产事故是电力企业的灾害，就事故发生所造成的后果和波及的程度来说，会给家庭、社会乃至国家造成极大的损失和影响。时刻谨记事故给我们带来的教训，举一反三，落实事故的防范措施和采取有效的对策来控制事故，真正做到"预防为主"，可以达到"保人身、保电网、保设备"的目的。

一、电力生产事故的分类

（一）电力生产人身伤亡事故、电力生产设备事故和电网瓦解事故

1. 电力生产人身伤亡事故

按国务院颁发的《企业职工伤亡事故报告和处理规定》及劳动部现行的有关规定，电力生产人身伤亡事故是指在电力生产中构成的人身死亡、重伤、轻伤事故，一般表现在电力生产过程中发生的触电、空高坠落、机械伤害、急性中毒、爆炸、火灾、建（构）筑物倒塌、交通肇事等。

2. 电力生产设备事故

电力生产设备事故是指电力生产设备发生异常、故障或发生损坏而被迫停运，一定时间内造成对用户的少送（供）电，或少送（供）热，或者被迫中断送（供）电、送（供）热。对电力施工企业来说，发生施工机械的损坏或报废，同样属于电力生产设备事故。

3. 电网瓦解事故

电网瓦解事故是指因各种原因造成系统非正常解列成几个独立的系统。

（二）一般事故、重大事故和特大事故

1. 一般事故

特大事故、重大事故以外的事故，均匀一般事故。一般事故按电力企业的性质可分为发电事故、供电事故、基建事故和电网事故四大类。按直接经济损失分为：生产（基建）设备或机械损坏等造成直接经济损失达5万元～150万元的；生产用油、酸、碱、树脂等泄漏，生产车辆和运输工具损坏等造成直接经济损失达2万元的；生产区域失火，直接经济损失超过1万元的等。

2. 重大事故

（1）人身死亡事故一次达3人及以上，或人身伤亡事故一次死亡与重伤达10人以上者。

（2）装机空量 200MW 及以上的发电厂，或电网容量在 3000MW 以下、装机容量达 100MW 及以上的发电厂（包括电管局、省电力局自行指定的电厂），一次事故使两台及以上机组停止运行，并造成全厂对外停电。

（3）下列是变电所之一发生全所停电：①电压等级为 330kV 及以上的变电所；②枢纽变电所（名单由电管局、省电力局确定）；③一次事故中有 3 个 220kV 变电所全所停电。

（4）发供电设备、施工机械严重损坏，直接经济损坏达 150 万元。

（5）25MW 及以上机组的锅炉、汽（水、燃汽）轮机、发电机、调相机、水工设备和建筑，31.5 MVA 及以上主变压器，220kV 及以上输电线路和断路器，主要施工机械严重损坏，30 天内不能修复或原设备修复后不能达到原来铭牌出力和安全水平。

（6）其他性质严重事故，经电管局、省电力局（或企业主管）认定为重大事故的。

3. 特别重大事故（简称特大事故）

（1）人身伤亡一次达 50 人及以上者。

（2）事故造成直接经济损失 1000 万元及以上者。

（3）其他性质特别严重事故，经电力工业部认定为特大事故者。

二、事故调查的组织

事故就其发生的概率来看，除偶发性外，都有其发生的规律。只有真正把事故发生的原因调查和分析清楚，研究和掌握事故发生的规律，并通过对事故的信息反馈作用，才能为开展反事故斗急，积极预防事故，促进电力生产全过程安全管理提供科学的依据。一旦发生事故后，应立即按照事故的性质、事故发生单位的隶属关系和电力部《电业生产事故调查规程》（简称《调规》）的规定，成立事故调查组织进行调查分析。它是"三不放过"的组织保证，亦是一项积极、严肃的组织管理工作。

事故调查的组织一般根据事故的性质决定。

（1）特大事故的调查按照国务院《特别重大事故调查程序暂行规定》，由省、自治区、直辖市人民政府或者电力部组织成立特大事故调查组，负责事故的调查工作。

（2）重大人身伤亡事故的调查，按照国务院（《企业职工伤亡事故报告和处理规定》）的规定由主管电局、省电力局（或企业主管单位）会同同级劳动部门、公安部门、监察部门、工会组成事故调查组，负责对事故的调查工作。

（3）重大设备事故的调查一般由发生事故的单位组织调查组进行调查。对特别严重的事故或涉及两个及以上发供电单位、施工单位的重大设备事故，主管电管局、省电力局（或企业主管单位）的领导人应亲自或授权有关部门组织事故的调查工作。

（4）人身死亡事故和重伤事故的调查按照国务院的规定，死亡事故由企业主管部门会同企业所在地设区的市（或相当于设区的市一级）劳动部门、公安部门、工会组成调查组进行事故的调查工作。调查组中应包括安监部门、生技（基建）部门、劳资、工会、监察等有关专业部门，调查组还应邀请地方人民检察机关派员参加事故调查，由企业主管部门的领导任组成。重伤事故由企业领导检察等有关人员参加事故的调查工作。

（5）一般设备事故的调查由发生事故的单位领导组织调查，安监、生技（基建）部门和有关车间（工地、工区、分场）领导以及专业人员参加。对只涉及一个车间（工区、工地、分场）且情节比较简单的一般设备事故，也可以指定发生事故的车间（工区、工地、分场）领导组织调查。对性质严重和涉及两个及以上的发供电单位、施工单位的一般设备事故，上级主管单位应派人参加调查或组织调查。

（6）一般电力系统事故根据事故涉及的范围，分别由主管该电力系统的电管局、省电力局或供电局的领导组织调查，安监部门、调度部门、生技（基建）部门和有关发供电单位的领导和专业人员参加。

（7）配电事故由事故发生部门的领导组织调查，必要时安监人员和有关专业人员参加。对性质严重的配电事故，供电局领导应亲自组织调查。

（8）轻伤事故的调查由事故发生部门的领导组织有关人员进行调查。性质严重时，安监、生技（基建）、劳资等有关人员以及工会成员应参加调查。

（9）一类障碍的调查由一类障碍车间（工区、工地、分场）的领导组织调查。必要时，上级安监人员和有关专业人员参加调查。性质严重的，发供电单位、施工单位的领导应亲自参加调查。

（10）二类障碍、异常、未遂事故的调查一般由发生班组的班组长负责调查。对性质较为严重的，可由车间（工区、工地、分场）领导组织调查。

三、事故的调查

查清事故原因是采取反事故对策、落实防范措施、分清和落实事故责任的关键工作。一定要严肃认真、科学谨慎，切忌敷衍了事，或掩盖事故真相，大事化小、小事化了，致使同类事故得不到真正的控制和预防。根据《调规》的要求和有关专家的经验，事故的调查一般应做好以下一些工作。

（一）调查掌握事故现场的第一手材料

为了掌握真实的第一手材料，按部《调规》规定，发生事故的单位首先要保护好事故的现场，若因抢险或抢救伤员需要，事故单位要组织好录像、拍照、设置标记、绘制草图、划定警戒线等工作，只有经过安监部门的确认和企业主要领导人的许可后才可以变动现场。

（二）调查收集事故现场的实况及设备损坏的情况

事故调查组成立后，一般应收集以下资料：

（1）事故现场和设备损坏的情况。

（2）损坏设备的零部件和残留物在现场分布的情况及尺寸图。

（3）各种自动记录或事故前CRT画面的拷贝。

（4）各种电气工关、热力设备系统的位置，阀门和挡板状态。

（5）故障设备、破口碎片和管道、导线的断面的断口。

（6）人身事故还应调查事故现场环境、气象和人员的防护等。

（三）调查收集事故当时现场人员活动情况的材料

事故的发生往往和现场人员的行为、动作有密切的关系，弄清楚当时人员的位置和动作情况对事故调查极为重要。

首先要了解当时有几个人在场，各人所站的位置在哪里，什么时间在做什么动作。这些情况事故之后或当值人员下班前，由安监部门负责组织有关人员立即各自写出书面材料。要求把事故当时所听到、看到的、自己在什么位置、在做什么动作或在进行什么工作如实地写出来，并当场交给安监人员。任何人不得拒绝，也不得拖延时间，以保证情况的真实性。

在做这项工作时，要特别注意防止事故过后一段时间才找当事人写材料，这样的材料一般真实性较差，会给事故的调查和分析带来许多困难，或被假象所迷惑，使事故的真正原因无法调配、分析出来。

四、事故原因的分析

事故原因分析是在事故调查基础上进行的一项十分重要的工作。只有在事故调查掌握真实的全部材料后，通过调查组成员的技术论证、科学计算、模拟实验等，才能找出事故发生的真正原因。事故原因的分析一般应做好以下一些工作。

（一）综合分析事故现场所掌握的一手资料，列出事故发生、发展过程的时序表

根据继电保护或热工保护的动作情况、各种自动记录、事故发生时的 CRT 画面拷贝曲线、SOE 或故障录波图，结合运行人员的事故记录，列出一张以秒级为单位的事故发生与发展过程的时间表，再根据各运行岗位人员书面写出的事故经过材料及当事人活动情况，对照运行参数和记录进行仔细的核对分析，取其共同合理点写出一张比较确切、真实的时序表。以分析中的矛盾作为问题，列出调查提纲，做进一步调查和分析，即可写出事故发生、发展的经过。

（二）查证

查阅有关图纸、资料和有关规程规范，分析掌握材料中的有关参数和曲线，揭示事故发生的起因。在事故调查的基础上，事故分析一般应查阅以下有关图纸、资料、规程和规章制度。

（1）与事故有关的部颁规程和现场运行规程，分析是否有由于违反规定制度而造成的事故，同时也可以审查规程和制度本身是否存在漏洞。

（2）查阅设备厂家的设备说明书和图纸，研究分析设备本身在结构上有什么先天的缺陷和问题，或者检查运行或检修中是否有不符合厂家技术要求的问题。

（3）查阅检修记录和设备缺陷登记簿，检查分析运行参数、检修质量等有无问题。

（4）查阅事故发生前的有关工作票、操作票情况，检查分析是否存有工作过程中的违章而造成事故的可能性。

（5）查阅运行参数记录和各种运行记录，检查分析运行工况、参数有无很大的变化和问题，设备的正常运行维护及试验工作中有无存在问题。

（6）查阅职工的考试记录以及培训情况，分析事故处理中有无人员判断失误、处理失误而扩大事故的问题。

（7）查阅事故设备的历次试验和检修记录，分析设备事故是否存在潜伏性缺陷发展所造成的问题。

（8）查阅与事故相关的有关资料和文件，检查分析是否存有设备在选型、设计、制造、安装、调试中存在的问题等。

（三）进行必要的计算和模拟试验

除经过对事故现场及设备的有关开断表详细观察分析外，为了确定事故的原因，可以采用模拟试验、化验和计算等手段来取得必要的证据。一般比较重大的设备事故往往采用这样一些办法取证，且具有比较高的权威性。

（四）采用召开有关人员座谈会的形式获取第一手材料之外的有关事故信息

对有些事故原因不明，又没有办法进行试验或论证的事故，通过集思广益或有关人员对事故掌握的信息和分析意见，往往会取得意外的收获，能对事故调查和分析起到柳暗花明的作用。在召开这方面座谈会的时候，应注意吸收有关方面有专长的人员参加。

（五）耐心细致做好当事人的思想工作

事故发生后，当事人往往心事重重，背上沉重的思想包袱。有的当事人为开脱事故的责任和减轻对自己的处理，不把真实的情况讲出来，就会给事故调查带来困难。这就要求事故调查者要有做耐心细致思想工作的能力，使事故当事人提高思想认识，打消顾虑，道出真情，这样会使事故的调查少走许多弯路。

五、事故的报告和统计报表

（一）事故报告的分类

事故报告分即报、月服和结案报告三类。

发生特大、重大、人身死亡、两人及以上的人身重伤事故和性质严重的设备损坏事故，事故单位必须在 24h 内用电话或传真、电报快速向省电力局（或企业主管单位）和地方有关部门报告，省电力局应立即向电管局和电力部转报。电力部直属的省电力局、水电、火电施工企业应立即向电力部报告。此外，按照国务院的规定，当发生特大事故后，事故单位应立即向上级归口单位和所在地人民政府报告，并同时报告所在地省、自治区、直辖市人民政府和国务院归口管理部门，在 24h 内写出事故报告报送上述主管和政府部门。事故报告的内容有：

（1）事故发生的时间、地点、单位。

（2）事故简要经过、伤亡人数、直接经济损失的初步估计。

（3）事故发生原因的初步判断。

（4）事故发生后采取的措施及事故控制情况。

（5）事故报告单位及时间。

一般事故和人身轻伤事故按部《调规》的要求，在每月的月服中进行报告。

对人身死亡、重伤事故，重特大事故和对社会造成严重影响的事故，由事故调查组在事故调查结束后，写出《事故调查报告书》报有关主管和政府部门。特大事故应在60天内、重大事故的人身伤亡事故应在45天内由事故调查组报送出《事故调查报告书》遇有特殊情况的，向上级主管部门申述理由并经同意后，可分别延长到90天和60天；特大事故的结案最迟不得超过150天。按国务院的规定，伤亡事故处理结案后，应公开宣布处理的结果。结案工作由事故单位所在地劳动部门负责。

（二）事故的统计报表

电力生产企业的事故统计报表分为《事故报告》《事故调查报告书》《事故综合月（年）报表》和《年度考核项目报表》四大类。

《事故报告》分为《人身伤亡事故报告》《设备事故报告》和《设备一类障碍报告》三种。

六、事故处理

在事故调查、查清事故发生原因的基础上，根据国家、行业的有关规定进行事故处理。

（一）事故责任

在事故处理中，先要落实事故的责任，要按照事故的大小和性质进行处理。根据事故调查所确认的事实，通过对直接原因和间接原因的分析，确定事故中的直接责任者和领导责任者。在直接责任和领导责任者中，根据其在事故发生过程中的作用，确定主要责任者、次要责任者和扩大责任者，并确定各级领导对事故的责任。

凡因下列情况造成事故的，根据有关法规，要追究有关领导者的责任：

（1）违反安全职责，或企业安全生产责任制不落实的。

（2）对贯彻上级和本单位提出的安全工作要求和反事故措施不力的。

（3）对频发的重复性事故不能有力制止的。

（4）对职工培训不力、考核不严，造成职工不能安全操作的。

（5）现场规程制度不健全的。

（6）现场安全防护装置、安全工器具和个人劳保用品不全或不合。

（7）重大设备缺陷未及时组织排除的。

（8）违章指挥，强令职工冒险作业的。

（9）上级已有事故通报，防范措施不落实而发生同类事故的。

（10）对职工违章行为不制止或视而不见而发生事故的。

（二）事故处理

事故责任确定后，按照人事管理的权限对事故的责任者提出处理意见，经主管部门审核批准后，公开事故处理的结果。

对下列情况应从严处理：

（1）因忽视安全生产、违章指挥、违章作业，玩忽职守或者发现事故隐患、危害情况不采取有效措施，造成严重后果的，对责任人员要依法追究刑事责任。

（2）在事故调查中采取弄虚作假、隐瞒真相或以各种方式进行阻挠者。

（3）在事故发生后隐瞒不报、谎报或故意迟延不报、故意破坏现场或无正当理由拒绝接受调查，以及拒绝提供有关情况和资料者。

对在事故处理中积极恢复设备运行、救护和安置伤亡人员，并主动反映事故真相，使事故调查顺利进行的有关事故责任者，可酌情从宽处理。

七、事故隐患的管理

许多事故，往往是由于我们对事故的隐患没有正确的认识和对待，或者对隐患没有采取有效的对策和措施而发生的，这方面有许多血的教训。我们要以"隐患险于明火，防范胜于救灾，责任重于泰山"的精神，认真对待事故隐患，采取有效的措施事故隐患、控制事故发生。这是我们不可推卸的责任，也是落实"安全第一、预防为主"方针的主要工作任务。

（一）事故隐患的分级

按照劳动部颁发的《重大事故隐患管理规定》，重大事故隐患是指可能导致重大人身伤亡或者重大经济损失的事故隐患，按可能导致事故损失的程度分为特别重大事故隐患（指可能造成死亡 50 人以上，或直接经济损失 1000 万元以上）和重大事故隐患（指可能造成死亡 10 人以上，或直接经济损失 500 万元以上）；按类型可分为人身重大事故隐患和设备重大事故隐患两大类。

（二）事故隐患的报告

特别重大的事故隐患报告书应报送国务劳动行政部门和有关部门，并同时报送当地人民政府和劳动行政部；重大事故隐患报告书应报送省级劳动行政部门和主管部门，并应同时报送当地人民政府和劳动行政部门。

事故隐患报告书一般要求有下列内容：

（1）事故隐患的类别。

（2）事故隐患的等级。

（3）可能影响的范围和影响的程度。

（4）整改的措施和目标。

（三）事故隐患的组织管理

（1）存在事故隐患的单位，应成立由法人代表或法人代表的代理人为组长的事故隐患领导小组，负责对事故隐患的组织管理工作，制订具体的整改计划和整改目标。对一时尚不能整改的隐患，应提出应急的方案，随时掌握其发展动态并及时进行处置和报告，做到思想到位、责任到位、措施到位、检查考核到位。

（2）对人身事故隐患方面，诸如作业环境、安全装置、劳动保护和劳动条件、人员技术素质等可能造成事故的，法人代表要按职能的分工，责成有关部门限期整改和解决，工会监察、劳动人事部门实施监督。

（3）对设备事故隐患方面，诸如设备超周期、超出力、超极限运行，一时无法停下来的，要组织好有关工程技术人员进行研讨，提出解决的办法和改造方案，特别要认真贯彻好电力部《二十项重点反事故措施》要求，责成有关部门攻关，限期解决。

（4）对火灾、自然灾害等，应做好一切思想、物质准备，做好紧急处置的方案，力争把事故的损失降到最低，牢固树立保人身、保电网、保设备和对人民生命、国家财产高度负责的思想，必要时采取果断应急措施，做到该停就停，准保安全。

第二节　电力企业安全教育

一、安全教育的重要性

安全生产教育是安全生产管理的基本要求。离开了安全教育的安全管理就像一座没有打好根基的房子一样不牢靠。

作为安全管理工作的基础，安全教育主要包括安全思想的宣传教育、安全技术知识的宣传教育、工业卫生技术知识的宣传教育、安全管理知识的宣传教育、安全生产经验教训的宣传教育等。既有针对安全的技术知识的教育，也有安全思想和法律、法规的宣传教育，涉及内容非常广泛。

随着现代科学技术的进步和新技术、新材料、新设备、新工艺的不断推广使用，安全教育在各行各业的安全生产中的重要性就显得更加突出了。其重要性主要表现在如下几方面：

①安全教育是掌握各种安全知识、避免职业危害的主要途径。只有通过安全教育才能使企业经营者和员工明白：只有真正做到"安全第一，预防为主"，真正掌握基本的职业安全健康知识，遵章守纪，才能保证员工的安全与健康，对避免安全事故的发生有积极的作用。

②安全教育是企业发展经济的需要。在现代生产条件下，生产的发展带来了新的安全问题，这就要求相应的安全技术同时应满足生产和安全的需要，而安全技术及相应知识的普及则必须进行安全教育。

③安全教育是适应企业人员结构变化的需要。随着企业用工制度的改革，企业员工的构成日趋多样化、年轻化。合同工、临时工、农民工并存，特别是临时工和农民工文化素

质较低，缺乏必要的安全知识，安全意识淡薄，冒险蛮干现象严重；青年人思维方式、人生观、价值观等与老一辈员工有较大差异，他们思想活跃，兴趣广泛而不稳定，自我保护意识和应变能力较差，技术素质和安全素质有所下降。因此在企业加强安全教育是一项长期而繁重的工作。

④安全教育是搞好安全管理的基础性工作，是其他五大基础性工作的基础和先决条件。因此，安全教育是安全管理工作的主要内容和基础性工作。

⑤安全教育是发展、弘扬企业安全文化的需要。安全管理主要是人的管理，人的管理的最好方法是运用安全文化的潜移默化的影响。要使安全文化成为员工安全生产的思维框架、价值体系和行为准则，使人们在自觉自律中舒畅地按正确的方式行事，规范人们在生产中的安全行为。安全文化的发展主要依靠宣传、教育。

⑥安全教育是安全生产向广度和深度发展的需要。安全教育是一项社会化、群众性的工作，仅靠安技部门单一的培训、教育是远远不够的，必须多层次、多形式，利用各种新闻媒体、多种宣传工具和教育手段，进一步加大安全生产的宣传教育力度，提高安全文化水平，强化安全意识。

二、安全教育的对象

在安全教育管理过程中，教育对象是人，其涵盖的范围较为广泛，一般应包括以下几点：一是对企业各级领导的安全教育，尤其是新任领导干部必须进行岗前安全学习；二是班组长的安全教育，因为班组长是生产第一线最直接的组织者和管理者，其安全素质的高低直接影响班组工作安全和质量；三是新入厂人员（包括企业参观人员、外包队伍及本厂新员工）的安全教育，他们对厂规厂纪、生产现场、危险源点及不安全因素极不熟悉，易触发不安全因素，继而转化为事故；四是调岗、复工人员及"节后收心"的安全教育；五是在采用新工艺、新材料、新设备、新产品等"五新"前，因员工对作业的危险因素预知能力低，缺乏经验易发生事故，因此应进行新操作方法和新工作岗位的上岗安全教育；六是特种作业安全教育，执行《特种作业人员安全技术考核管理规则》，严格持证上岗；七是安全继续再教育，随着科技更新、时间及环境的变化，学习安全管理知识，借鉴安全先进经验和现代安全管理技术，促使安全管理工作上台阶。

三、安全教育的时间

安全教育时间的选择是否恰当直接影响教育效果，因此在教育时间上应慎重选择，一般在以下几种情形下应进行教育：岗前、发生事故、未遂事故后现场、"五新"投用前、检查发现有不安全因素时的安全教育，以及强化每月安全生产例会、每周安全日活动、两级安委会会汉、每日早晚例会、定期班组活动等。另外，安全教育时间的长短也是影响教育效果的因素之一，如进行三级安全教育时，新员工厂级、车间、班组级安全培训教育时间各不少于 24 学时等。

四、安全教育的内容

安全教育应包括劳动安全卫生法律、法规，安全技术、劳动卫生和安全文化的知识、技能及本企业、本班组和一些岗位的危险危害因素、安全注意事项，本岗位安全生产职责，典型事故案例及事故抢救与应急处理措施等项内容。安全教育的内容可概括为安全态度教育、安全知识教育、安全技能培训，以及事故教育与应急处理培训。

（一）安全态度教育

安全态度教育包括思想政治方面的教育和具体的安全态度教育两个方面内容。思想政治教育，包括劳动保护方针政策教育和法纪教育。通过劳动保护方针政策的教育，使员工对安全生产意义提高认识，深刻理解生产与安全的辩证关系，纠正各种错误认识和错误观点，从而提高员工安全生产的责任感和自觉性。法纪教育的内容包括安全生产法规、安全规章制度、劳动纪律等。通过法纪教育，使员工认识到自觉遵章守法，是确保安全生产的保障条件。具体的安全态度教育是一项经常的、细致的、耐心的教育工作，应该建立在对员工的安全心理学分析的基础上，有针对性地、联系实际地进行。例如，要研究人的心理、个性特点，对个别容易出事的人要从心理上、个性上分析他的不安全行为产生的原因，有针对性地进行个别的教育和引导。

（二）安全知识教育

安全知识教育包括安全管理知识教育和安全技术知识教育。安全管理知识包括劳动保护方针政策法规、组织结构、管理体制、基本安全管理方法等知识。安全管理知识教育主要针对领导和安全管理人员，目的是使之能够更好地做好安全管理工作。安全技术知识包括基本的安全技术知识和专业安全技术知识。基本的安全技术知识是企业内所有员工都应该具有的。专业性的安全技术知识指进行各具体工种操作时所需要的专门安全技术知识。

（三）安全技能培训

有了安全技术知识，并不等于就能够安全地进行作业操作，还必须把安全技术知识变成安全操作的本领，才能取得预期的安全效果。有的新员工有安全操作的愿望，同时学习了公司基本的安全技术知识，但在实际操作时却出了事故，就是因为缺乏安全技能，力不从心的缘故。要实现从"知道"到"会做"的过程，就要借助于安全技能培训。

安全技能培训包括正常作业的安全技能培训和异常情况的处理技能培训。进行安全技能培训应预先制定作业标准或异常情况时的处理标准（作业程序、作业方法等），有计划、有步骤地进行培训。要掌握安全操作的技能，就是要多次重复同样的符合安全要求的动作，使员工形成条件反射。但要达到标准要求的程度，通过一两次集体知识讲授是无法达到的。

（四）事故教育与应急处理培训

1. 事故教育培训

典型事故案例涉及面广，对员工有极大的震撼力。典型事故教育应包括以下内容：

第一，把外单位事故当作本单位事故一样进行宣传教育。例如，把兄弟单位发生的触电伤亡事故、高空坠落事故、设备事故和交通事故等，作为班组安全活动的重要内容，组织员工深入学习，吸取教训。

第二，把未遂事故当作真正的事故一样对待。对已发生的未遂事故，立即组织人员查原因、论危害，及时制定班组控制未遂与异常措施，对未遂事故所涉及的人和事，按规定认真处理。

第三，把过去的事故当作现在的事故一样落实整改。召开事故回顾会，让当事人讲事故发生的经过、事故处理过程中的失误、事故造成的严重后果及应吸取的教训。针对曾经发生的诸如触电伤亡事故、设备事故、送电事故、小动物事故等，以此为安全教育内容，制定工作危险点预控措施，开展灵活多样的班组活动。

2．应急处理培训

为了提高突发事件应急处理效果，加强事故应急管理工作，一般我们因地制宜地采取模拟演练、实战演练、单项演练、组合演练以及面向班组基层等演练方式，认真开展各类突发事故应急预案演练活动，进一步检验各类应急预案的可操作性、实用性，验证应急保障能力的合格性，使员工在发生各类事故后能够熟练掌握所应采取的措施及要领。同时，组织生产人员集中学习《事故案例汇编》《突发事件应急管理规定》等相关知识，全面提高员工的应急处理能力。在我厂，安监部门组织员工编制了台风、触电急救等 20 多个应急预案，并定期举行预案演练活动，起到较好的效果。

五、安全教育的方法

安全教育的方法是否恰当也是影响教育效果的一大因素。生动活泼的安全教育形式能有效地提高员工的安全意识和安全技能，使安全教育免于枯燥说教，真正起到预期效果。结合事故案例进行教育，使人触目惊心、印象深刻；模拟性的安全训练能使人迅速牢固地掌握安全操作的技能；竞赛性质的教育方法能激励人进取，生动有趣。总之，要根据各个单位的实际情况，有所发展，有所创新，才能取得好的教育效果。

现在国内一些著名的电力企业如中国南方电网公司、国家电网公司、华电集团公司、华能电力等企业的企业文化都非常出名，也有各自的特色。而安全文化是其中的重要组成部分。他们通过发展、弘扬企业安全文化，通过常态化的对职工进行企业的安全理念和安全目标、安全技能、安全规章制度的教育，通过运用企业安全文化的潜移默化的影响，使安全文化自觉成为员工安全生产的思维框架、价值体系和行为准则，使他们自觉自律地遵守企业制定的各项安全纪律和安全规章制度，自觉地按正确的方式行事，从而形成独特的安全文化和企业文化，在社会上树立起良好的企业形象，提高企业的竞争力。三级安全教育是员工能否进入施工现场进行安全施工的前提，是工程进行有效安全管理的基础。只有有针对性地对员工进行三级安全教育和岗前培训，并通过严格的安全考试才能掌握员工的安全素质，制定相应的安全管理措施。同时，通过严格的考试合格准入制度组建一支安全素质相对较高的施工队伍是保证工程建设安全顺利的前提。

专职安全员是工程建设安全保证体系正常运行的实施者和执行者，安全员素质的高低和工作责任心的大小，对工程能否安全顺利建设有不可替代的作用。因此，加强专职安全员的安全教育十分必要。而安全员的教育主要是进行安全法规和政策的教育，最新安全知识和安全理念的教育、前沿安全成果的教育，让他们掌握最新的安全管理知识和管理方法，并通过他们的贯彻实施和宣传，使新的安全知识和安全理念能快速在工程建设得到推广与应用。

由于电力工程建设不像其他产品的生产，有生产流水线，有固定操作规程，而是随着工程建设进展到不同的阶段，安全工作的重点和注意事项有所不同。

因此，在职工中，开展经常性安全就显得十分必要，通过开展经常性的安全教育活动适时提醒他们警惕应注意的安全事项，对于加强工程建设的安全管理，避免工程安全事故无疑是必要的。

总之，安全教育工作对于电力工程的建设安全是非常重要，是电力工程建设安全的前提和基础。离开了安全教育，无论是工程建设和职工个人的安全都不可能得到保障，企业也不可能在社会上树立良好形象，也不可能在市场中具有强大的竞争力。因此，重视和加强安全教育是十分必要的。我们要坚持不懈地抓各个环节的安全教育，不断探索安全教育的新途径，不断加强现代管理和安全保障的培训，其中包括理念、知识、实际操作等诸多方面的培训，在电力企业内部营造一种以人为本、"人人树立安全意识、人人掌握安全知识、人人取得安全考试的好成绩、人人学会使用消防器材、人人学会现场急救、人人都有自我保护的能力"的全员、全过程、全方位的安全管理氛围。

第三节 创新电力企业安全教育制度

电力安全教育为电力企业实现安全生产及电力职工掌握安全生产规律、提高安全防范意识和能力提供了必要的思想和知识保障，是电力企业安全生产管理不可或缺的重要组成部分。随着电力工业的发展，电力科技水平不断提高，时代赋予电力企业安全教育崭新的内涵；电力企业改革的不断深化，电力企业竞争环境日趋激烈，对电力企业安全生产提出更严峻的挑战。因此，电力企业安全教育机制创新，已成为当前电力企业安全管理工作最重要的议题之一。

一、电力企业安全教育机制现状

随着我国电力工业的不断完善和发展，我国电力企业已基本形成一套较为完善的教育体系，包括中层以上干部教育、班组长教育、新入厂人员的三级教育，采用"五新"的教育、员工教育、变换岗位教育、特种作业人员教育、复训教育和全员经常性教育等九种形式。逐步完善的安全教育机制为电力企业安全生产提供了有力保障。然而，安全教育自身也还存在许多不足。

二、电力安全教育机制创新途径

（一）建立安全教育新模式

1. 针对安全教育广泛性的特点，采取分层次教育方式

根据不同岗位特征采用有针对性的安全教育手段及内容。对技术、管理人员通过传播安全教育新思路，宣传相关政策法规新动向，理顺安全生产与企业发展相互促进、相互提高的新思路；对一线生产职工以贴近工作实践的内容开展经常性的安全教育座谈活动，结合各时期安全动态与企业内部安全活动特点，开展相关专题安全讲座讨论，加强生产员工安全防范的意识和能力，同时以浓烈的安全宣传氛围深入职工的生活和工作，构筑一个企业内部职工相互学习、相互促进的安全协作环境。

2. 充分运用现代科技开展企业安全教育

积极开发和传播多媒体安全教材，以生动逼真的形式加强安全教育效果。大力开发具有各种岗位、工种特点的计算机事故预想与处理仿真系统，开展事故演练培训，提高职工防范事故的能力。

3. 建立健全安全教育架构

合理实行企业内部资源配置，通过设立安全教育专职，开展安全教育题材策划与组织传播，明确企业内部各层次安全教育成员职责，建立相关安全教育激励与约束机制，促使安全教育走向规范化。

（二）拓展安全教育资源开发与共享

（1）电力企业内部有计划、有步骤地采取专题教育培训及座谈形式，充分利用各种事故通报开展安全教育，有效缓解安全教育资源不足的矛盾；相对集中资源优势，开展安全教育课题的开发与应用推广，同时通过电力企业间安全教育资源的优势互补与有偿共享等协作途径，促进企业间的交流与合作，实现电力安全教育资源的开发与使用效能的最大化。

（2）以区域性电力企业为主要服务对象，构筑产业化安全教育实体，有效缓解企业自身资源不足的矛盾。通过独立经济实体营造的区域内设施，包括各类仿真培训设备和基地，以及研究开发的各种新型培训教育内容，对区域内电力企业实行有偿服务，一方面避免了各电力企业研究与设施重复投入造成的浪费，另一方面通过专业化研究成果实施电力职工安全教育工作，也可收到更为明显的效果。

（三）构筑企业多层次安全教育人才体系

（1）企业安全教育的人才结构应有利于企业策划和开展各项安全教育工作，并通过侧

重继续教育，不断提高相关人员在社会科学与管理科学方面的知识水平，促进企业安全教育工作不断创新发展。

（2）生产第一线职工安全防范意识与能力的提高是企业安全教育工作的核心。为确保企业安全教育工作真正落到实处，必须在生产第一线职工中积极挖掘和培养安全教育人选，努力利用班组教育中的人缘和地缘优势，根据不同班组的生产作业特点，及时调整教育内容和形式，在生产第一线建设一个有效的安全教育阵地。

（四）确立安全教育激励与约束机制

（1）建立有效激励与约束机制的基础，须立足于对安全教育工作的综合测试与考核评价。测试与评价既要考虑安全教育的实际工作量，更需根据职工接受安全教育的效果加以评判。建立企业安全教育资料库，汇总相关培训及教育资料，用于评判安全教育工作的成效。

（2）实施企业全员安全教育考评，避免安全教育工作走过场。一方面要激发全体安全教育工作者积极创新，提高安全教育工作效能；另一方面要调动职工参与安全教育的热情，保障安全教育工作顺利开展。

（3）推行岗位绩效奖励与岗位竞争机制，以市场机制促进企业安全教育工作水平的提高，扭转安全教育工作干好干坏一个样的不良局面，完善企业内部安全教育工作的激励与约束机制。

参考文献

[1] 李琦芬，刘华珍，杨涌文. 智能电网智慧互联的"电力大白"［M］. 上海：上海科学普及出版社，2018.

[2] 王金鹏. 智能电网中电力电子技术的研究与应用［M］. 成都：电子科技大学出版社，2018.

[3] 谢若承. 电力 ERP 系统运维管理［M］. 杭州：浙江大学出版社，2018.

[4] 燕居怀. 船舶电力系统［M］. 北京：北京理工大学出版社，2018.

[5] 陈歆技. 电力系统智能变电站综合自动化实验教程［M］. 南京：东南大学出版社，2018.

[6] 高晓萍. 能效与电能替代［M］. 上海：上海财经大学出版社，2018.

[7] 张予，国网湖北省电力有限公司电力科学研究院. 电网防腐技术架空输电线路［M］. 北京：中国电力出版社，2018.

[8] 何海零. 95598 知识库应用指导手册［M］. 北京：中国电力出版社，2018.

[9] 吕跃春. 电力系统继电保护高级教程理论部分［M］. 北京：中国电力出版社，2018.

[10] 陈向群. 技能考核培训教材电能计量［M］. 北京：中国电力出版社，2018.

[11] 王晓辉. 微电网运行仿真技术［M］. 北京：中国建筑工业出版社，2018.

[12] 赵彩虹，居荣，吴薛红. 供配电系统（下册二次部分）［M］. 北京：中国电力出版社，2018.

[13] 刘一涛. 高压交直流混联输电系统［M］. 北京：电子工业出版社，2018.

[14] 葛维春. 现代电网前沿科技研究与示范工程［M］. 北京：科学出版社，2018.

[15] 王凯军，竺佳一，龚向阳. 地区电网电力大用户运行管理一本通［M］. 北京：中国电力出版社，2018.

[16] 陈国振. 智能电网广域监测分析与控制技术研究［M］. 成都：电子科技大学出版社，2018.

[17] 王存华，顾子琛. 图说正确使用电力安全工器具［M］. 北京：中国电力出版社，2018.

[18] 刘国庆. 光传输技术及在电力通信网中的应用［M］. 沈阳：东北大学出版社，2018.

[19] 倪良华，杨成顺. 输电线路施工与运行维护［M］. 北京：中国电力出版社，2018.

[20] 欧阳金鑫，熊小伏. 双馈风力发电系统电磁暂态分析［M］. 北京：科学出版

社，2018.

[21] 李慧. 电力工程基础 ［M］. 石家庄：河北科学技术出版社，2017.

[22] 唐飞，刘涤尘. 电力系统通信工程 ［M］. 武汉：武汉大学出版社，2017.

[23] 杨太华，汪洋，张双甜. 电力工程项目管理 ［M］. 北京：清华大学出版社，2017.

[24] 臧福龙，云楠，连晓东. 电力工程与技术 ［M］. 天津：天津科学技术出版社，2017.

[25] 耿晨亮. 电力工程基础 ［M］. 北京：科学技术文献出版社，2017.

[26] 戚广枫. 电气化及电力工程 ［M］. 武汉：湖北科学技术出版社，2017.

[27] 金宇清，马宏忠，孙国强. 电力工程学习指导与习题解答 ［M］. 北京：机械工业出版社，2017.

[28] 刘桂华. 电力工程土建专业施工工作标准 ［M］. 北京：九州出版社，2017.